猪生长发育及营养调控技术

王继华　薛占永
刘　伯　石玉祥　王绥华　著

中国农业大学出版社
·北京·

图书在版编目(CIP)数据

猪生长发育及营养调控技术/王继华等著. —北京：中国农业大学出版社，2014.5

ISBN 978-7-5655-0917-9

Ⅰ.①猪… Ⅱ.①王…②薛…③刘…④石…⑤王… Ⅲ.①猪-发育②猪-家畜营养学 Ⅳ.①S828

中国版本图书馆 CIP 数据核字(2014)第 049833 号

书　　名 猪生长发育及营养调控技术

作　　者 王继华　薛占永　刘　伯　石玉祥　王绥华　著

策划编辑 王笃利　张秀环　　**责任编辑** 张秀环
封面设计 郑　川　　**责任校对** 王晓凤　陈　莹
出版发行 中国农业大学出版社
社　　址 北京市海淀区圆明园西路 2 号　　**邮政编码** 100193
电　　话 发行部 010-62818525，8625　　读者服务部 010-62732336
编辑部 010-62732617，2618　　出　版　部 010-62733440
网　　址 http://www.cau.edu.cn/caup　　**e-mail** cbsszs@cau.edu.cn
经　　销 新华书店
印　　刷 北京鑫丰华彩印有限公司
版　　次 2014 年 5 月第 1 版　　2014 年 5 月第 1 次印刷
规　　格 850×1168　32 开本　8 印张　198 千字
定　　价 25.00 元

内 容 简 介

本书系统总结了猪宏观经济性状生长发育规律的分析方法及其营养调控的原理与方法，内容新颖，方法实用。书中对于一些难度较大的生长发育分析方法，介绍基本原理，给出必要论证，并且用实例说明其使用方法，便于读者自学。主要内容包括：猪体重、体尺时态生长和组织器官分化生长的分析方法，补偿生长规律及其经济价值的分析方法，猪生长模型的分析方法；猪消化系统、生殖系统、肌肉和脂肪组织的生长发育及营养调控的技术原理与方法；以及猪群培育技术。本书主要供猪场和饲料厂技术人员参考，对于有关专业的研究生和科研人员，也有一定参考价值。

前　言

关于猪的生长发育问题，可以从三个水平阐述，即组织器官水平、细胞水平和分子水平。由于组织器官水平属于宏观水平，所以研究最早、最多，取得的成果也最多，对养猪生产起到了很好的指导作用，这也是本书的主要内容。在分子生物学和基因工程如此发展的今天，详细了解猪宏观性状的生长发育规律，可以使我们对家畜机体作为一个整体有所理解，避免只见树木不见森林的局限。

猪的生长发育是遗传与环境共同作用的结果。在个体发育过程中，前期的生长发育都是为当时和以后的生存和发展需要做准备的，这是正确理解和调控生长与发育的哲学基础。猪的任何性状，包括具有经济价值的生产性状或畜牧学性状和没有经济价值的生物学性状，以及育种上的目标性状和信息性状，都是在个体发育过程中形成与表现的，是个体生长发育到一定时期的外在表现形式。一定基因型的个体在正常环境中的生长发育是有规律的，当环境变化时发生相应的规律性变化。研究掌握这些规律及表现这种规律的机制，是制订饲养管理方案和遗传改良计划的理论基础和技术依据。无论是研究人员还是养猪生产者，都需要掌握猪的生长发育规律，以及产生这些规律的机制。

由于不同猪场的环境（包括饲养管理和饲料营养等）不同，导致同一遗传基础的猪群也会有不同的表现，只有根据本场猪群生长发育规律制定最佳饲养管理方案，才能取得最佳经济效益。例如设计猪群的营养方案，只有根据本群猪的生长发育和生产性能制定出相应的饲料配方，才能取得最佳经济效益。然而，如何分析本群猪的生长发育规律？借鉴他场数据是否可以？这显然就是一个“授人以鱼”还是“授人以渔”的问题。所以，本书重点介绍猪宏观经济性状生长发育规律的分析方法及其营养调控的技术原理，这些方法和技术原理对于认识不同猪场不同猪群生长发育规律的特点具有重要实用价值。在大学生遍布于猪场的今天，技术员需要是“导师型”的，而不再仅仅局限于具体操作方法和技术指导。

关于猪的生长发育知识，国内外此类专著极少。散见于一些教科书上的有关内容，也仅限于基本概念和初等方法，一般不超过3～5页的简单介绍，已经远远不能满足我国养猪生产的实际需要。为此，我们系统总结了猪经济性状生长发育的研究方法和成果，及其在猪场技术管理中的应用，供猪场的技术人员参考。对于有关专业的研究生和科研人员，本书也有一定参考价值。

本书在写作过程中参考了大量文献，多在书后参考文献中列出。只有极个别资料，是从网上搜索得到的，查不到原作者，所以我们深感歉意，在此表示衷心的感谢。笔者恳望知情者告知，以便本书再版时补上。由于现代动物科学发展迅猛，更限于笔者的学识和水平，书中难免有不足之处甚至错误，恳望读者不吝赐教，我的电子信箱是 hdwangjihua@126. com。

王继华 2014 年 1 月 1 日
于河北工程大学动物科学系

目 录

养殖实践中常重视一些事实表象，重视特定家畜对饲养管理的反应；科学是研究表象背后的客观规律，为家畜生产决策提供理论指导。家畜的生长发育规律是动物科学研究的最基本问题，也是动物科学工作者必备的基础知识。

家畜的生长发育是遗传与环境共同作用的结果，研究动物的生长发育，既涉及动物的遗传基础，又涉及基因表达所需要的环境条件。关于动物生长发育的研究可以划分为三个水平，即组织器官水平、细胞水平和分子水平。由于组织器官水平的研究属于宏观水平，所以研究最早、最多，取得的成果也最多，对养殖业生产起到了很好的指导作用。

1 生长发育的概念和意义

对于家畜的生长发育，我们关注的一般是动物整体或特定组织、器官或部位的生长，例如体重的生长，骨骼、肌肉、脂肪或乳腺的生长发育。这些方面的生长发育最容易理解，因为可以通过称重或线性测量来定量。在分子生物学和基因工程如此发展的今天，详细了解家畜的体重或体型的变化规律，可以使我们对家畜机体作为一个整体有所理解，避免只见树木不见森林的局限。本书主要介绍生长发育的生理方面，包括形态的生长发育和生理功能的变化，但是读者要时刻想着基因的抽象表达，例如免疫能力、心理适应能力和行为等方面。总的来说，在个体发育过程中，前期的生长发育都是为当时和以后的生存和发展需要做准备的，这是正确理解和调控生长和发育的哲学基础。

1.1 研究生长发育的意义

各种家畜都有它的生命周期,表现为“受精卵→胚胎→幼年→成年→受精卵”这样一种形式。个体整个生命周期,是在该个体遗传物质与其环境相互作用的过程中完成的,这个过程就是个体发育(ontogeny)。个体一生的生长发育过程,是一个量变与质变同时发生的过程,只是我们在用文字介绍时,只能逐个介绍。

猪的胚胎期发育过程大致如图 1-1 所示。

图 1-1 猪的胚胎发育

注:自上而下大约是怀孕 18 d、22 d、35 d 和出生(据 Marrable,1971)

任何一种家畜都有其生长发育规律,不同品种、不同性别和不同阶段,都会表现出各自固有的特点。家畜的任何性状,包括具有经济价值的生产性状或畜牧学性状和没有经济价值的生物学性状,以及育种上的目标性状和信息性状,例如生长速度、饲料效率、胴体质量等,都是在个体发育过程中形成与表现的,是个体生长发育到一定时期的外在表现形式。一定基因型的个体在正常环境中的生长发育是有规律的,当环境变化时发生相应的规律性变化。这里所说的“环境”,既包括饲养管理,又包括饲料营养。研究掌握这些规律及表现这种规律的机制,在动物育种上具有重要价值,因为要有效地改良这些规律,必须先掌握它,这是改良育种目标性状的理论基础和技术依据。在养殖生产上,根据不同生长发育阶段的特征、特性,制定相应的饲养管理方案,例如猪的营养方案,不同生长发育阶段猪的营养需要不同,针对特定发育阶段制定饲料配方,既不短缺猪的营养需要又不造成浪费,才可取得最大生产效益。所以,无论是动物科学研究人员还是动物生产者，都需要掌握动物生长发育规律，以及产生这些规律的深层机制。

1.2 生长发育的概念

对家畜个体发育过程进行深入观察与分析，可以发现两种现象，一种是由受精卵分化出不同的组织器官，从而产生不同形态结构与机能，这就是发育；另一种是由于同类细胞的增加或体积的增大，使个体由小到大，体重也逐渐增加，这就是生长。所以严格说来，生长与发育是两种现象。

生长发育是极其复杂的生命现象。最佳的生长发育体现在动物有一个正常的生长速度和功能健全的组织器官。为取得最佳生长发育效果，必须供给动物合适的饲料和饲养管理。

从物理角度看，生长是动物的体尺增长和体重增加；从生理角度看，是机体细胞的增殖和增大，组织器官的发育和功能的日趋完善；从生化角度看，生长是机体化学成分（即蛋白质、脂肪、矿物质等）的积累。

家畜机体经同化作用进行物质积累，同类细胞数量增多和组织器官体积增大，从而使家畜整个机体的体积和重量都逐渐增加的量变过程，叫做生长（growth）。生长的主要特征是个体的体积和重量逐渐增加，由小变大。

家畜机体经过分化作用产生新的细胞种类，形成新的组织和器官，从而使家畜整个机体的结构和机能由简单到复杂，按顺序发生的质变过程，叫做发育（development）。发育的主要特征是组织器官和功能的分化。

生长和发育是动物个体作为一个对立统一的矛盾体所表现出来的矛盾运动过程。在个体发育过程中，生长和发育既相互联系又相互促进。生长积累物质，是发育的基础；发育分化出新细胞、新组织和新器官,为进一步生长开辟新的方向。

例如猪,从受精卵开始经过许多阶段的变化分化出不同的组织器官,形成完整的胎儿,胎儿成长出生,从幼年直至成年,这就是发育现象;而另外一种现象,如猪的体重、四肢及其他各器官不断增长,但头仍然是头,脚依旧为脚,并未发生本质转化,这就是生长现象。

生长和发育是从不同角度观察同一个体发育过程时发现的两种现象。就是说,生长和发育往往是同时发生的,并非是先生长后发育,或先发育后生长。只是我们在研究或介绍生长和发育时,是分别切入,逐个进行。

1.3 生长发育的研究方法

生长发育问题不仅在家畜生产和遗传改良上都十分重要,生物学家和医学家也十分重视。为探讨动物生长发育的规律及产生这种规律的机制,进行了大量研究。研究方法大致可分为两类。一类是观测家畜机体与各组织器官的重量和体积或面积和尺度随年龄增加而不断变化的规律,通过统计分析寻找它们的生长发育模式,所以常称这类研究方法为数理统计研究方法。因这些都是宏观性状,观测手段简易,所以研究最早,最多,已取得大量成就,并对畜牧生产起了很大指导作用。另一类是观测微观性状,从细胞、生化和分子水平来研究动物生长发育的生理生化过程和发生机制,取得的成果相对较少,可以说是目前生物学上取得成就最不辉煌的一个领域。

数理统计研究方法的理论依据有二。一是从时态观点看,家畜整体或部分的重量或体积大小,随着家畜年龄的增长而呈有规律的变化,这种现象称为时态生长律(the law of chronologic growth)。因此,可以借助统计手段分析不同性状即整体或部分、组织或器官等的重量、大小或尺度(常称为体尺)等随年龄而生长的模式，并且用数学模型来简单表述，这类数学模型常称为时态生长模型(the model of chronologic growth)；常见的时态生长模型很多，主要有 Logistic 模型(P.F.Verhulst，1838)、Gompertz 模型(Gompertz，1825)等。

用数学模型模拟动物生长过程的意义，在于揭示动物生长发育的规律，探索生命奥秘；生产上实现营养的动态配给，推进养殖业现代化、集约化，为生产自动化、计算机管理奠定理论基础。目前一般以体重反映整个机体的变化规律，因为机体体尺的增大与体重的增加密切相关，而体重的测量较为简便。家畜生后体重的生长规律一般可以用累积生长曲线图表示，而用数学模型表示则具有更大的理论和实用价值。

二是家畜的不同性状也有不同的生长模式，各自有其规律，但不同性状的生长规律之间常有某种相关性，这种现象常称为相关生长律(the law of correlative growth)。常用分化生长模型(allometric equation)描述相关生长律。

数学模型具有广泛的适应性，应根据生物学原理把某些生物现象模型化，按数学方法的基本假设，把现实生产中已存在的杂乱无章的资料按符合逻辑的方法推导展开，并力求在数学模型所约束的范围内，尽量减少用它推导结果所带来的误差。

人类在对一个事物认识的初级阶段，往往是感性的、描述性的。马克思说过“一门科学，只有当它成功地利用了数学的时候，才算上升到了高级阶段”。动物科学的理论和应用要有大发展，就必须有数学的更多参与。近年来数学模型化技术与动物科学的相互促进正在迅速升温，数学模型化技术正在成为现代动物科学研究的核心方法和技术，高新技术的出现已经把现代社会推进到数学模型技术的时代。

在两个传统领域(群体和疾病模型化领域)和一个新的领域

(动物营养和新陈代谢领域)已经使数学模型成为最振奋人心的领域。从J.Anim.Sci.发表的文章看,在1970年以前,没有发现“模型化”的论文,1970年代是3.2%,1980年代是17%,1990年代是31.5%,2000年后发表的论文有50%涉及数学模型化。大量业界人士预测,这会是一个增长最快的领域(R.Gous et al.,2006)。再者,“模型化”的内涵也正在变为机理建模,而不再停留在经验建模水平上。动物系统的机理模型化已经为我们理解动物科学原理和生产过程做出了不少贡献,在动物科学中这个过程正在继续。在更一般的动物模型化问题上,已经有了很多可用的原理和方法(J.France and E.Kebreab,2008)。

科技人员的数学造诣深浅,决定了你在学术上能走多远。

在动物营养上也需要大量的数学模型知识。根据不同条件下不同营养水平日粮时猪生长反应的结果来建立猪生长的营养模型,就可以把猪生产过程数字化,把猪生长过程用数学模型表达,上升到更加理性的养猪水平。例如对饲料配方的饲养效果做定量分析,估计猪对某个饲养标准的日增重、采食量和料重比等,尤其是生长模型可以推断出最佳效果的饲养标准与参数组合。

常见的猪生长模型有时态生长模型和分化生长模型,而猪的营养模型近年来已经成为研究焦点,越来越受到重视。例如体重与采食量模型、胴体组成与日粮模型、猪的维持需要量模型、体蛋白质沉积模型、氨基酸平衡模型、机体物质代谢模型等。

1.4 用遗传标记研究家畜生长发育

家畜的遗传标记,从研究手段角度大致可以分为形态标记、细胞学标记、蛋白质标记和DNA分子标记。由于动物的遗传标记在其一生中常是不变的，所以，如果某个遗传标记与猪的生长发育有合适的遗传相关，就可以根据这个遗传标记进行早期选择，这在育种实践中具有重要意义，所以目前研究很热。

(1)形态标记对生长发育影响的研究。形态标记是指那些经典的、能明确显示遗传多态性的外观性状，如体高、体长、毛色、耳形等形态标记，用肉眼即可识别和观察。广义的形态标记还包括那些借助简单测试即可识别的某些性状如生理特性、生殖特性等。在家畜中，由于形态标记数量少，可鉴别的标记基因有限，难以构建饱和的遗传图谱；另外，许多形态标记还受环境、生育期等因素的影响，使形态标记在遗传育种中的应用受到很大限制。

(2)细胞学标记对生长发育影响的研究。细胞学标记是指能明确显示遗传多态性的细胞学特征。染色体的结构特征和数量特征是常见的细胞学标记，它们分别反映了染色体结构上和数量上的遗传多态性。有关细胞学标记多用于品种的起源进化研究，在生长发育性状方面很少，柳万生(1992)对猪 Ag—NORs 与肥育性能相关性的研究指出，Ag—NORs 与猪的肥育性能显著相关，尤其 Ag—NORs、8Ag—NORs 的染色体型频率与日增重相关程度比其他任何用于猪选种的生化遗传标记都高。在家畜中细胞学标记目前尚未形成比较系统的理论，加之该标记的产生费时，重复性和稳定性等技术上的问题，限制了细胞学标记的应用。

(3)蛋白质标记对生长发育影响的研究。蛋白质标记通常分为酶蛋白质和非酶蛋白质两种，酶作为遗传标记是在 Markert 和 Moller(1959)提出同工酶概念后迅速发展起来的。目前已检测到的多态性蛋白质很多，常见的有血红蛋白多态性、运铁蛋白多态性，根据这些遗传标记的类型将研究的个体分类，检验各类间的差异性。生产实践中可利用这些蛋白质标记与生长发育的相关性进行育种。

蛋白质是基因表达的产物。与形态性状、细胞学特征比，数量更丰富，受环境影响更小，能更好地反映遗传多态性，但蛋白质标记仍然存在诸多不足，例如，每一种同工酶标记都需特殊的显色方法和技术；某些酶的特性具有发育和组织特性：局限于反映基因组编码区的表达信息等；最关键的不足是其标记的数量还比较有限。

(4)DNA 遗传标记对生长发育影响的研究。DNA 分子标记是 DNA 水平上遗传多态性的直接反映。DNA 水平的遗传多态性表现为核苷酸序列的任何差异，哪怕是单个核苷酸的变异。因此 DNA 标记数量几乎无限多。与以往的遗传标记相比，DNA 标记还有许多特殊优点。如无表型效应、不受环境限制和影响等。目前，DNA 标记已广泛用于种畜资源研究、遗传图谱构建、目的基因定位和分子标记辅助选择等各方面，已发展出的十几种 DNA 标记技术各具特色，并为不同研究目标提供了丰富的技术手段，但还没有一种 DNA 标记能完全具备上述理想特性。如 RFLP、RAPD、AP-PCR、AFLP、SSR、SNP(single nueleollde tmlymorphism)。在众多分子遗传标记中，微卫星标记以其自身的优越性被学术界推崇并建议广泛应用，被认为是强有力的作图工具，目前利用 DNA 分子标记研究家畜数量性状已成为研究热点。

微卫星(micmsatellite)DNA 是一类以 2～6 bp 的核苷酸为基本单位，呈串联重复状散布于整个基因组的重复序列。微卫星分布广且均匀、多态性强、等显性遗传、杂合程度高、分析简便、快捷，理论上讲，任何一个可观察表型性状的基因座位都可以在遗传连锁图上找到至少一个与之连锁的 DNA 标记。因此，分析重要经济性状 QTL 在基因组中的位置及其对表型的贡献，主要依赖于遗传连锁图谱。目前主要家畜的连锁图谱已相继构建，并日趋饱和。

微卫星标记与体重的相关。随着微卫星标记的出现及 QTL 研究所需技术的不断完善，已广泛研究了微卫星与家畜体重的关系。

1.5 猪早期生长发育的意义

动物在生命早期的生长发育往往在很大程度上决定成年的生产性能，尤其是肉用动物。鉴于早期的生长发育具有重要价值，所以早已有相关专著出版，例如 M. A. Varley，J. Wiseman（张宏福，唐湘方译）《断奶仔猪营养与饲养管理新技术》。

在正常培育环境中，一般研究结论可以概括为：①动物早期生长发育可大致决定后期生长发育。若早期生长发育测定值记为 x，后期生长发育测定值记为 y，则这两个性状之间的关系一般可用统计模型表示为 $y=f(x)+e$。②定义 p 与 q 分别是得到观测值 x 与 y 时的日龄，R^2 是 x 对 y 的决定程度（决定系数），则（$q-p$）之差越小，R^2 越大。

在刻意特殊培养的猪群，给予丰厚的饲养管理和营养，与正常的培育条件相比，其差别主要表现在：①统计模型 $y=f(x)+e$ 的结构与参数不同。②决定系数 R^2 不同。

（1）猪胚胎期生长发育的意义。大量观测结果表明，初生重高低，影响商品猪一生的生产性能，仔猪初生重、断奶重以及随后的生产性能大概是如下关系：

出生时每多 0.1 kg＝断奶时＋0.2 kg

断奶时每多 0.1 kg＝提前一天上市

断奶后 1 周内日增重多 10 g＝提前一天上市

保育期多增重 1 kg，就可以早出栏 4 d（Wellock et al，2013）。

仔猪初生重对生后存活率有很大影响，初生重大的存活率也高，见表 1-1。

表 1-1　仔猪初生重和存活率

初生重分类	1	2	3	4
初生重/kg	1.00	1.29	1.60	1.78
增重(0～24 h)/g	－14	53	68	69
死胎率/%	42	14	10	7

资料来源：Le Dividich & Rooke，2006.

据 Roehe(2003)报道，仔猪初生重在 1.6 kg 体重时成活率最高，见图 1-2。

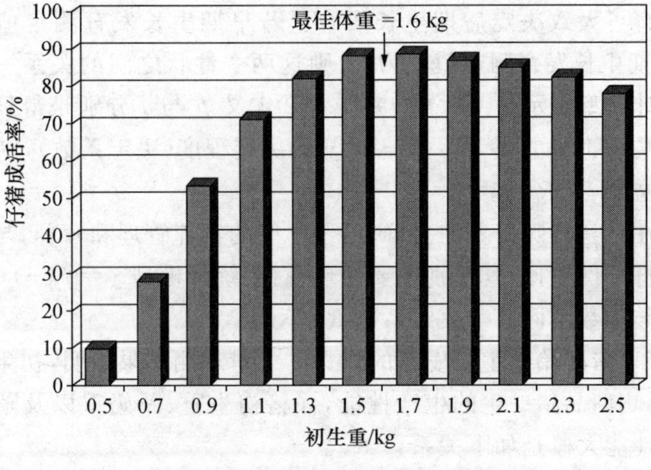

图 1-2　初生重对仔猪成活率的影响

(据 Roehe，2003)

表 1-2、表 1-3 和表 1-4 说明了不同初生重对商品猪各种生产性能的影响。

表 1-2 初生重对 21 日龄断奶重的影响

初生重/kg	1.0	1.2	1.4	1.6
断奶重/kg	5.0	5.4	5.8	6.3
初生重占断奶重变异的 37%				

表 1-3 初生重对生产性能的影响

初生重/kg	<1.0	1.0～1.2	1.3～1.5	1.6～1.8	1.9～2.1
90 kg 体重日龄	159.7	150.9	144.0	139.4	134.4

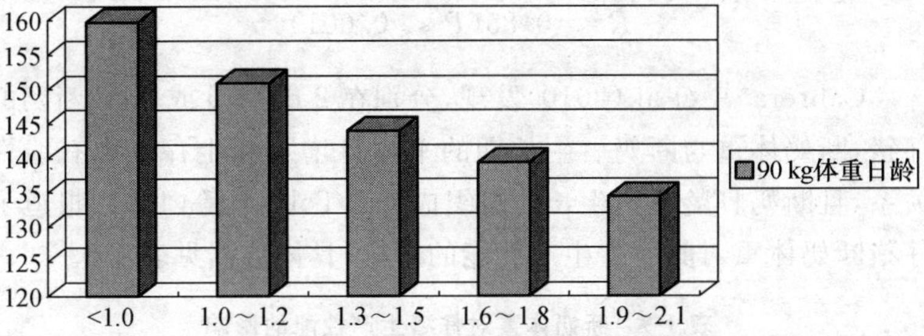

图 1-3 仔猪初生重与达 90 kg 体重的日龄之间的关系

表 1-4 初生重以及随后的表现

初生重/kg	生长速度/(kg/d)	屠宰前体重/kg	屠宰后重/kg	滴水损失/%	纤维数/(×1 000)
0.9	0.582	106.1	84.2	6.6	900
1.8	0.641	116.0	92.5	4.5	1 200

数据来源:Rehfeld et al, 2004.

目前国内养猪的首要问题是仔猪初生重小(1.2～1.35 kg),应努力争取提高到 1.5～1.6 kg。初生重小断奶重就小,断奶重小断奶过渡难度大,而且断奶重小育肥期增重慢,出栏时间延长。

初生重每增加 100 g,断奶重就增加 0.35～1.07 kg。

(2)哺乳期生长发育的意义。哺乳期是仔猪一生的奠基时期,乳猪饲养目的目前一般是获得最大断奶重和群体整齐度。断奶体重较大的仔猪可以顺利过渡到断奶饲粮,并且营养性腹泻的发生率低;哺乳期生长较快的仔猪在此后的生长速度亦快,Campbell (1990)表明,28 日龄断奶仔猪的断奶体重 (W) 与达到 20 kg 活重所需要的时间 (T) 之间存在强烈的负相关,回归模型如下:

$$T = 52.1(\pm 1.69) - 3.39(\pm 0.224)W$$
$$R^2 = 0.85(P < 0.001)$$

Cabrera. A et al.(2010)发现,分别在 2 d、14 d 或 20 d 断奶的仔猪,断奶体重与断奶后生长期的平均日增重和生存率都有线性关系,且断奶日龄影响生长的组织成分。Tokach 等(1991)报道了仔猪断奶体重对其一生生产性能的影响,具体数据见表 1-5。

表 1-5　断奶体重对仔猪生产性能的影响

断奶体重/kg	断奶后不同日龄时的体重/kg			至上市体重的天数
	28 d	56 d	156 d	
4.5～5.0	12.3	27.6		
5.5～5.9	13.9	30.2	107.4	181.3
6.4～6.8	15.1	31.8	109.3	179.2
7.3～7.7	16.2	33.9	113.0	174.1
8.2～8.6	17.2	35.4	113.8	171.8

注:平均断奶日龄为 21 d,1 350 头猪资料。

早期生长发育性状与生产性能之间的遗传相关也有很多报道。表 1-6 总结了常见性状之间的遗传相关。

表 1-6　猪常见性状间的遗传相关

相关性状	相关系数	相关性状	相关系数
产子数与 ADG	－0.16	产死胎数与 ADG	－0.25
产子数与初生重	－0.26	初生重与断奶后仔猪日增重	0.65
产子数与背膘厚	0.10	产子数与达 90 kg 日龄	－0.13
产活子数与背膘厚	0.18	产活子数与达 100 kg 日龄	0.50
产子数与饲料/增重比	0.20	产活子数与饲料/增重比	0.21
产活子数与 ADG	0.20	哺乳期仔猪死亡率与 ADG	－0.43
断奶重与断奶后日增重	0.51	断奶后日增重与 90 kg 体重日龄	0.91
日增重与饲料效率	－0.70	断奶后增重与饲料效率	0.80
日增重与采食量	0.65	肥育期增重与饲料效率	＞0.5
背膘厚与饲料效率	0.30	背膘厚与胴体出肉率	－0.50
屠宰率与背膘厚	0.20	背膘厚与采食量	0.37
日增重与背膘厚	－0.15	日增重与饲养天数	－0.92
日增重与瘦肉比例	0.65	日增重与屠宰率	0.35
日增重与胴体长	0.35	日增重与眼肌面积	0.20
眼肌面积与屠宰率	0.35	眼肌面积与耗料量	－0.45
眼肌面积与背膘厚	－0.28	眼肌面积与胴体出肉量	0.70
背膘厚与胴体长	－0.35	胴体长与眼肌面积	0.22
屠宰率与胴体长	－0.34	胴体长与后腿评级	0.30

1.6　猪生长性状的遗传和变异及其应用

一般教科书在讲猪的生长和发育时，考虑的常常是表型性状。

其实不同性状有不同的遗传力，它们对遗传影响和环境影响有不同的敏感性，这在养猪生产上具有重要指导价值。

数量遗传学研究表明，猪性能表现的变异可以剖分为不同的影响因素，例如 $p=\mu+a+d+i+e$，这里 p＝性状表型值，μ＝群体平均值，a＝加性效应或育种值，d＝显性效应，i＝上位效应，e＝环境效应。由此式可得 $\sigma_p^2=\sigma_a^2+\sigma_d^2+\sigma_i^2+\sigma_e^2$，等式两边同除以 σ_p^2 可得：

$$\frac{\sigma_a^2}{\sigma_p^2}+\frac{\sigma_d^2}{\sigma_p^2}+\frac{\sigma_i^2}{\sigma_p^2}+\frac{\sigma_e^2}{\sigma_p^2}=1$$

此式第一项就是遗传力，第四项为环境力，第二项与第三项之和为杂合力（王继华等，1999）。由此式可以看出，对于那些遗传力很高的性状，由于它们主要受加性遗传效应的影响，所以只有通过遗传改良来提高其性能表现；对于环境力很高的性状，由于它们主要受环境效应的影响，所以可通过加强饲养管理来提高其生产性能；而那些杂合力很高的性状，由于它们主要受非加性效应的影响，所以只有通过杂交生产来提高它们的性能表现。

过去很多养猪生产者不关注猪的遗传育种学知识，以为遗传育种学是育种上才有用，这种认识其实是非常片面的。由上述讨论可以看出，分析和掌握猪的性状表现及其影响因素，对于组织生产或制定饲养管理方案，具有重要指导意义。

表 1-7 列出了猪常见性状的遗传力估计值。

表 1-7　种猪性状的遗传力估计值

性状	遗传力	性状	遗传力
初生重	0.15	断奶重	0.10～0.20
断奶窝重	0.10～0.17	体格类型	0.29
断奶至上市日增重	0.25～0.30	乳头数	0.20
断奶后平均日增重	0.45	达 90 kg 体重的日龄	0.30

续表1-7

性状	遗传力	性状	遗传力
生长强度	0.55	成年体重	0.50
饲料报酬	0.12～0.48	采食量	0.13～0.62
性成熟年龄	0.35～0.50	公猪睾丸大小	0.37～0.44
怀孕期长短	0.45	窝产子数	0.10～0.15
断奶仔猪数	0.15	泌乳力	0.06
体长	0.45～0.60	椎骨数	0.70
屠宰率	0.20～0.40	胴体长	0.55～0.60
胴体品质	0.46～0.63	瘦肉与脂肪比例	0.45
眼肌面积	0.35～0.49	后腿比例	0.40
背膘厚	0.42～0.74	腿肉比例	0.30～0.60
肉的结实度	0.20	肉的大理石花纹	0.20
肉的容水量	0.65	肉的多汁性	0.20
肉的含脂量	0.40	肉的松软度	0.58
肉的颜色	0.15～0.57	肌肉 pH	0.04～0.41
系水力	0.01～0.43		

不同性状表现的杂种优势不同，不同品种间表现的杂种优势也不同，这对生产实践具有重要指导意义。表 1-8 列出了猪不同性状表现杂种优势的一般报道结果。

猪群内存在变异，而猪群生长整齐度在现代化集约化生产中具有重要经济价值，因为这影响到“全进全出”的生产模式。所以，提高猪群整齐度常常是养猪生产上饲养管理的重点目标。表 1-9 给出了猪群表型变异的参考指标。

表 1-8　猪生长性状的杂种优势

性状	杂种优势/%
生长性能	10
胴体性状	0～5
每窝产活子数	2～5
每窝断奶活子数	5～8
断奶窝重	10～12
产子速度	19～20

资料来源：Dalton，1980.

表 1-9　农畜生长及有关性状的表型标准差

性状	单位	肉牛	绵羊	猪
初生重	kg	6.0		
断奶重	kg		3.60	
断奶前增重	kg	0.13		
断奶后增重				
养殖场	kg/d	0.10		
放牧	kg/d	0.08		
200 d 体重	kg	25.00		
400 d 体重	kg	30.00		
公羊	kg		4.50	
母羊	kg		0.50	
日增重	kg			0.06
饲料转换率	kg			0.20

续表1-9

性状	单位	肉牛	绵羊	猪
背膘 C	Mm			2.50
背膘 K	Mm			2.70
胴体重	kg			1.30
屠宰率	%			0.016

注：引自 Willis，1998.

需要强调的是，猪群的变异是随年龄或体重的增加而发生变化的。例如体重的标准差随年龄而改变，见表 1-10。

表 1-10 猪群体重的标准差随年龄而改变

日龄	21 d	26 d	48 d	130 d	168 d
标准差/kg	0.75	1.82	2.3	10.5	13.5
变异系数/%	12.5	22	16	12	12.3

注：21 日龄断奶，应激导致 26 日龄变异很大。

猪群内体重的变异幅度越小，就越容易根据群体体重采用适宜的饲料和饲养管理方案。所以，大猪场每年至少要在不同季节进行两次测定以分析猪群的生长发育情况。测定误差的来源有三个：一是人为误差，二是测量仪器，三是猪的肠道内容物。肠道内容物可占体重的 5%；为克服这个误差，一般是早晨空腹称重，测定前 6～12 h 取出饲料，连续 2 d 测定求平均数。猪群本身存在变异，所以测定时要随机抽取测定个体，全群猪要称 10%，最少不少于 6%，其中每个猪舍不少于 3 头。最后根据这些数据绘制猪群的生长曲线，分析生长模型参数，比较猪群生长状况与理想模型的差异，对照猪群生长曲线与理想生长曲线的差异，据此制定和修改猪场饲养管理方案。

仔猪断奶时常把不同窝的仔猪合群，彼此常有几个小时的争斗以排列群体中的位次。群体均匀时争斗时间较长,不均匀的群体和不熟悉的群体有较快的日增重。

饲养上要检验猪群的均匀度,实际上就是检查猪群生长的分布,一般应该是正态分布。仔猪断奶体重的变异系数(100×标准差/平均数%)在12%左右,如果变异系数小于12%,就说明猪群整齐,饲养管理良好的猪群变异系数应该在10%以内;大于16%,就说明猪群不整齐,发育不正常;在12%附近,则说明猪群整齐度一般。实践中检查猪群体重的分布,既可以用EXCEL表进行分析,也可以使用SPSS软件,现在网上可以轻易找到免费的过期SPSS软件,很好用。

2　体重体尺的时态生长

2.1　时态生长指标的观测与分析

研究体重时态生长律时常用的指标有累积生长、绝对生长、相对生长等。

累积生长(cumulative growth)是指特定年龄时的体重或体尺，表示该动物所测性状在测定前生长的累积结果，因此叫累积生长。

绝对生长(absolute growth)是指性状生长的绝对速度，即单位时间内的增加量，常用 G 表示，计算公式为：

$$G=\frac{W_1-W_0}{T_1-T_0}$$

式中：T_0 是观测开始时的年龄；T_1 是观测期结束时的年龄；W_0 是 T_0 时的观测值；W_1 是 T_1 时的观测值。

相对生长(relative growth) 是指特定年龄时性状的生长强度，即单位时间内单位体重或体尺所生长的量。常用 R 表示，计算公式为

$$R=\frac{W_1-W_0}{(W_1-W_0)/2}\times 100\%$$

生长系数(coefficient of growth)是指观测开始和结束时测定的累积生长值的比率，计算公式为

$$C=\frac{W_1}{W_0}\times 100\%$$

生长加倍次数(double frequency of growth)是指体重的翻倍次数。在计算生长系数时,一般习惯于以初生时的累积生长值为基准。但当它与结束时的累积生长值相差过大时,往往改用生长加倍次数(n)来表示其生长强度,公式为:

$$W_t = W_0 \times 2^n$$

实际计算时是采用如下公式:

$$n = \frac{\ln W_t - \ln W_0}{\ln 2}$$

例如猪的受精卵只有 0.4 mg,初生重是 1.5 kg,从受精卵到初生重量的加倍次数为 21.83;从出生到成年,成年体重为 200 kg,体重加倍次数为 8.97。各种家畜不同发育阶段的体重加倍次数不同,总的看是胚胎期加倍次数大于生后期,见表 2-1。

表 2-1 几种家畜体重的生长加倍次数

家畜种类	合子重/mg	初生重/kg	成年重/kg	重量加倍次数			初生重占成年重/%
				胚胎期	生后期	全期	
马	0.6	50	500	26.3	3.3	29.6	10
牛	0.5	35	500	26.1	3.8	29.9	7
羊	0.5	3	60	22.5	4.3	26.8	5
猪	0.4	1	200	21.3	7.6	28.9	0.5

2.2 时态生长律的数学模型

首先强调,动物生长模型虽然可以精准简明地描述动物生长过程,但是数学模型描述的只是动物生长量的变化规律,而其质的变化规律很难在数学模型上反映出来。

众多研究表明,家畜体重的时态生长律如图 2-1 所示。

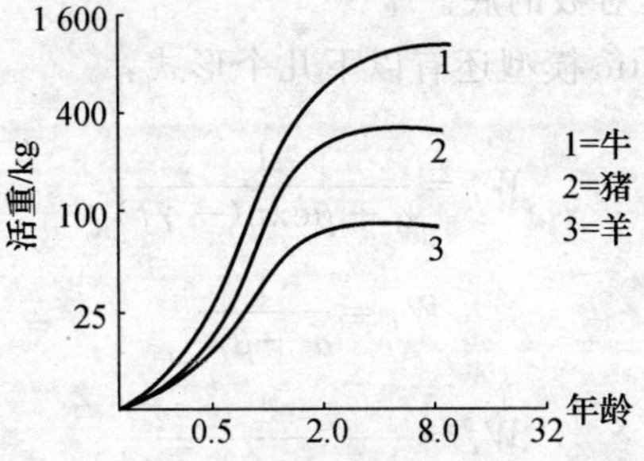

图 2-1　家畜体重的生长曲线

可以看出体重累积生长曲线呈 S 形，所以可用以下几个数学模型来配合：

①Logistic 模型

$$W_t = \frac{\alpha}{1 + \exp(\beta - \gamma t)}$$

式中：W_t 是 t 日龄时的体重；

α 是与 Logistic 曲线的渐近线有关的参数，对于一般常见的生长模型，渐近线都正好是 α，其实就是最大成年体重。

β 是达到生长曲线拐点的日龄；这个参数在常见的生长模型都是与曲线在 Y 轴上的截距有关，截距就是 $X=0$ 时 Y 的取值，β 决定截距的位置，在下面将要介绍的 MMF 模型中，截距正好是 β，而在其他模型中，例如 Weibull 模型，它是渐近线与 β 之间的差。

γ 是 $t=0$ 也即出生时的相对生长速度（近似），若自受精开始观测，γ 则为受精卵的相对生长速度，也就是生长强度；从数学角度看，γ 反映体重从“初始”值（与参数 β 有关）改变为“终值（最大成年体重）”（与参数 α 有关）的速度，这对肉用动物生产和育种都具有重要意义，因为经济早熟性具有重要经济价值。

exp 是自然对数的底。

关于 Logistic 模型还有以下几个形式：

$$W_t = \frac{1}{\alpha + \beta \exp(-\gamma t)}$$

$$W_t = \frac{1}{\alpha + \beta \gamma^t}$$

$$W_t = \frac{1}{\alpha + \exp(\beta) \cdot \gamma^t}$$

在这 3 个模型中，生长曲线的渐近线是 α 的倒数。

$$W_t = \frac{\alpha}{1 + \exp(\beta) \cdot \gamma^t}$$

$$W_t = \frac{\alpha}{1 + \beta \exp(-\gamma t)}$$

Logistic 模型各参数的生物学意义可用图 2-2 表示。

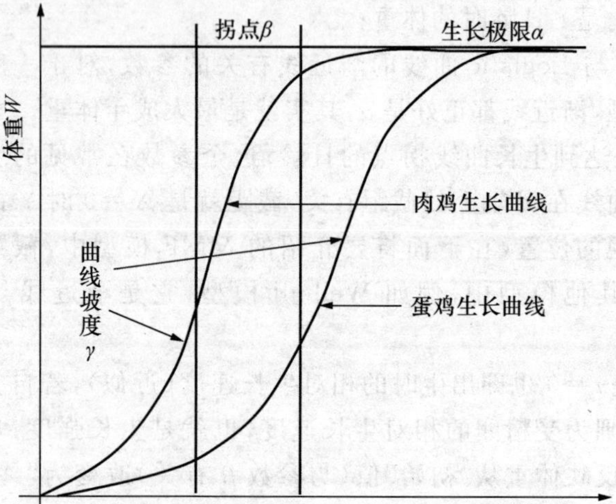

图 2-2　生长模型参数的意义：肉鸡早期生长比蛋鸡快

这里给出一个具体数据，以增加读者的感性认识。大约克夏猪的生长规律可以代表现代瘦肉型猪体重生长的一般规律。具体数据见表 2-2。

表 2-2 Logistic 模型估测的大约克夏生长速度

日龄	观测数	实测体重/kg	估测体重/kg	日增重/kg
0	49	1.61±0.29	—	—
70	51	29.31±3.71	28.80	0.567 1
85	60	38.23±4.34	38.25	0.691 5
100	60	49.53±5.93	49.46	0.799 7
115	60	61.73±7.81	62.05	0.870 0
130	60	75.42±10.03	75.29	0.885 8
145	60	88.91±12.38	88.32	0.842 8
160	60	100.94±13.00	100.33	0.752 0
175	47	110.64±11.95	110.75	0.633 5
190	47	119.44±10.74	119.31	0.508 3

注：肖炜，等.大约克夏生长肥育期生长规律的研究.中国畜牧杂志，2007.

②Gompertz 模型

$$W_t = \alpha \exp[-\exp(\beta - \gamma t)]$$

式中各符号的意义同 Logistic 模型，但是这里，生长曲线渐近线（也就是最大成年体重）是 $\exp(\alpha)$。

Gompertz 模型也有几种变化形式：

$$W_t = \exp(\alpha - \beta\gamma^t)$$

$$W_t = \alpha \exp[-b\exp(-\gamma t)]$$

最后这个形式，W_t 为 t 日龄时的体重和或体尺；α 为上渐近线(final value)，代表了动物体在测定期内的最大生长量；γ 为接近生长极限值时的生长速度；b 为调节参数，可间接反映动物体的早期生长速度。这个模型的生长参数：初始生长速度为 $\gamma_0 = br$；下渐近线值$=a/e^b$；拐点日龄 $t_i=(\ln b)/r$；拐点值 $v_i=a/e$，t 日龄时的发育程度为 $w_i=w_t/a$。可以对生长曲线方程求导，计算体重或体尺的绝对增长和相对增长。绝对生长（生长速度）方程为：$dw/dt = w_t bre^{rt}$；相对生长（生长强度）方程为：$dw/dt/w_t = bre^{-rt}$。

Gompertz 模型在动物科学研究中广泛应用，但是我们分析发现，至少在整个生命周期的生长曲线拟合中，这个模型也许不是一个最好的模型。

③Richards 模型

$$W_t = \frac{\alpha}{1+\exp(\beta-\gamma t)^{1/\sigma}}$$

式中各符号的意义同 Logistic 模型。

Richards 模型也有几个不同形式：

$$W_t = \frac{\alpha}{\{1+\beta[\exp(-\gamma t)]\}^{1/\sigma}}$$

$$W_t = \frac{\alpha/\beta}{\{1+\exp[-\beta(1+\sigma)(t-\gamma)]\}^{1/(1+1/\sigma)}}$$

最后的模型中有两个参数出现两次，看起来有些麻烦，但它是从机体异速生长关系的研究中导出的（Von Bertalanffy，1951）一种广义方程，具有实际意义。

Richards 模型可以看作是 Logistic 模型的直接推广。

④MMF 模型

$$W_t = \frac{\beta\gamma+\alpha t^{\sigma}}{\gamma+t^{\sigma}}$$

⑤Weibull 模型

$$W_t = \alpha - \beta \exp(-\gamma t^{\sigma})$$

式中各符号的意义同 Logistic 模型。

在上面介绍的五类模型里，Logistic 模型和 Gompertz 模型只有三个参数，而 Richards 模型、MMF 模型和 Weibull 模型有四个参数。三参数模型拟合动物生长数据一般具有很好的性能，而且少一参数更简洁。但有时候，三参数模型不能更好地拟合实际观测的数据，这时就需要采用具有更大灵活性的四参数模型。在四参数模型中，第 4 个模型参数 σ 可以增加数据拟合模型时的灵活性。

仔猪在猪一生中生长强度最大，生后随年龄增加其生长强度逐渐降低。例如 6 kg 仔猪在 10 d 内可长到 9 kg，平均日增重 300 g，日增重是其初始体重的 5%；9 kg 仔猪在 8 d 内可长到 12 kg，平均日增重 375 g，而这个日增重只稍多于初始体重的 4%。20 日龄仔猪，每千克体增重的蛋白质日沉积量为 9～14 g，而成年猪仅为 0.3～0.4 g，前者是后者的 30～35 倍。仔猪生后 3～4 周体重达出生体重的 5～7 倍，60 日龄为 15.7 倍。钙、磷代谢也很旺盛，每千克增重含 7～9 g 钙，4～5 g 磷，所以仔猪的单位体重所需养分高。

用 Gompertz 模型表示断奶仔猪的日增重时：

日增重＝活重×生长系数×ln(最大成年体重/活重)

式中生长系数一般为 0.001～0.015，随性别和基因型而不同。

实验证明，采食量达到营养需要量阈值时的生长系数为 0.02。推算的 15 kg 体重仔猪潜在日增重可达 1 000 g，但实际上，即使没应激和疾病，仔猪在 21 日龄断奶后的第一、二、三周内的生长速度也只可达到 100 g、200 g 和 400 g。主要限制因素是采食量，而采食量受饲料消化率影响：

采食量(kg/d)＝0.013×体重/(1－饲料消化率)

假定饲料消化率为 0.80，则 10 kg 仔猪日采食量应该是 650 g。

2.3 体尺生长规律

家畜体尺的时态生长规律如图 2-3 所示。

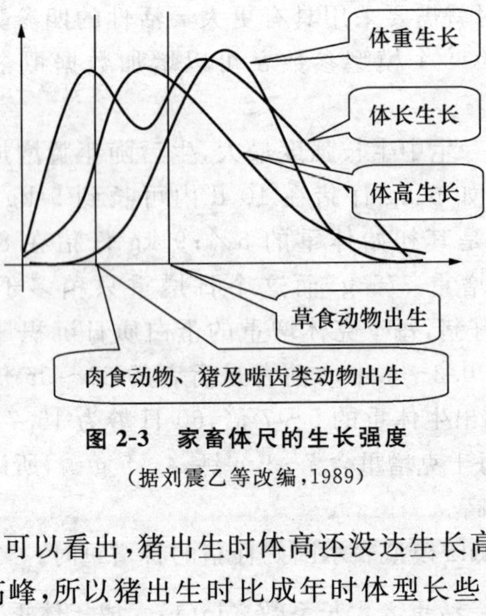

图 2-3　家畜体尺的生长强度

(据刘震乙等改编，1989)

由图 2-3 可以看出，猪出生时体高还没达生长高峰，而体长已过了第一个高峰，所以猪出生时比成年时体型长些。草食动物在出生时体高已达生长高峰，生后生长强度逐渐降低，而体长的生长强度在出生后逐渐增加达到第二个高峰。所以，草食动物出生时体型短，侧面看呈正方形，成年后体型变长，呈长方形。

猪出生时比草食动物出生时处于较早的发育阶段，因为猪是强悍的杂食动物，而草食动物出生后就要具有快速奔跑的逃生能力。

表 2-3 和表 2-4 给出哈尔滨白猪不同日龄组织和器官的变化。

表 2-3　哈尔滨白猪不同日龄母猪生殖器官尺度

日龄/d	0	60	120	180	240	300	360
阴道长/cm	4.8	5.2	18.9	20.5	21.5	21.0	24.0
子宫角长/cm	4.7	12.0	31.3	42.2	49.2	145.0	116.0
子宫体长/cm	1.3	5.8	8.3	12.5	13.9	18.8	18.0
输卵管长/cm	4.25	6.5	16.2	17.2	20.5	31.0	33.0
卵巢重/g	0.035	0.09	1.8	3.6	4.0	10.0	9.1
卵巢长径/cm	0.6	0.8	2.2	2.1	2.2	3.3	4.1

注:①表中每个日龄数据来自一头哈尔滨白猪。②资料来源:东北农业大学农学院小家畜教研组,1962。

表 2-4　猪消化器官的发育

猪数	平均体重/kg	平均日龄/d	胃		小肠			大肠			肝（胃＋小肠＋大肠）		
			重量/g	容积/mL	重量/g	长度/m	容积/mL	重量/g	长度/m	容积/mL	重量/g	长度/m	容积/mL
11	1.1	1	4.5	25	40	3.85	109	10.5	0.78	37	55.0	4.63	0.17
7	2.2	10	15.0	73	95	5.00	225	22.5	1.20	85	132.5	6.80	0.38
8	3.2	20	24.0	213	115	7.37	706	36.0	1.25	118	173.0	8.60	1.04
9	17.7	70	232.0	1 815	990	16.50	6 082	458.0	3.10	2 120	1 686.0	19.60	10.02
15	32.4	115	360.0	2 500	1 180	18.00	1 0700	714.0	4.35	6 550	2 254.0	22.35	19.75
10	69.0	208	685.0	3 170	1 670	18.85	1 2330	1 380.0	5.43	11 670	3 785.0	24.28	28.17
32	102.8	255	764.0	3 400	1 530	18.86	14 100	1 280.0	5.00	10 100	3 564.0	23.80	27.60
23	152.0	380	980.0	3 530	2 510	23.74	20 600	2 010.0	6.80	15 710	5 500.0	39.05	39.86
16	155.8	428	844.0	4 500	2 323	22.43	19 180	2 181.0	6.11	18 096	5 351.0	28.54	41.93
9	154.1	449	980.0	5 160	2 310	21.20	17 400	1 970.0	6.27	17 200	5 260.0	27.47	37.96
6	270.0	4 岁	1 430.0	2 680	19 980	22.90	22 600	2 790.0	7.46	25 600	6 170.0	29.29	60.88

资料来源：东北农业大学农学院小家畜教研组，1962。

2.4 生长波

从家畜躯体整体看，生长可分解为体长的生长、体高的生长和体积的生长。出生前体高生长强度大，尤其草食家畜，出生后不久，体长生长强度增大，体高生长强度开始下降。故成年时躯体逐渐加长、加深和加宽，四肢相对变短、变粗。

体尺生长实际上是构成该体尺基础的骨骼的生长。在同一时刻，构成同一体尺的各骨骼的生长强度不同。在个体发育过程中，体长的生长发育是从头部开始，最初头部生长强度最大，然后，在出生后，生长最强点依次转移到颈椎和胸椎，最后转移到荐椎和骨盘骨的强烈生长。而体高的生长最强点是由下向上依次转移，生前是指骨和管骨生长强烈，生后依次向上转移到前膊骨，上膊骨和胫骨，最后才转移到肩胛骨和股骨。

构成体长的各骨即体轴骨。体轴各骨和四肢各骨的生长强度有顺序依次转移的现象，称生长波(growth wave)或生长梯度(growth gradient)。最后生长的部位，即生长波的汇合点，叫生长中心(growth genter)。体长的生长波叫主生长波，体高生长波叫次生长波(Hanmond，1932)。

生长中心是两个生长波汇合的部位，过去认为猪的生长中心是在腰部，牛、马、羊则在荐部和骨盆部。生长中心是最晚熟的部位，但在肉用动物，又是出肉最多、肉质最好的地方，所以后期营养不足会严重影响经济效益。

不过猪的生长波并不明显(Richmond，1979)。

对于在读学生，也许人体型变化的例子最好理解，人类是先长头，然后依次是颈椎、胸椎，最后是腰部，27～28 岁时腰部发育成熟，所以这个时候最有力气。见图 2-4。

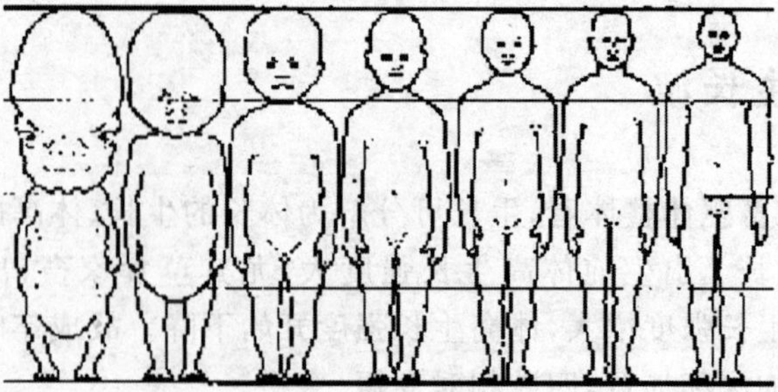

图 2-4 人的体型发育

猪也有类似的生长发育规律,见图 2-5。

图 2-5 猪的体型发育

2.5 影响生长发育的主要因素

动物的生长发育受多种因素影响,深入探讨这些因素与生长发育的关系,将能够更有效地控制各类性状的改进和提高,本节简介其主要因素。

(1)遗传因素。猪的生长发育与其遗传基础有密切关系,不同品种有其本身的发育规律。例如初生重,不同品种的猪相差很大。性成熟和妊娠天数也受遗传因素影响。例如海南岛的文昌猪,3~4月龄的小公猪已能配种,而巴克夏猪6~7月龄才具有这种能力。

对控制猪体各部位的遗传基础研究表明,有三类基因影响体型部位:①一般效应的基因,其影响全部体尺与体重;②影响一组性状的基因,如只影响骨骼的大小,不影响肌肉的生长;③影响某一特定性状的基因,如只决定胸围、腹围的大小等。另外影响骨骼生长的特定基因系统,只决定体高、体长、胸深和体重,但不影响腹围;另外影响肌肉发育的一些基因,对胸深、胸围、腹围也有影响。

进一步研究表明,同一组性状,如体长和体高间的遗传相关,随年龄的增长而提高;不同组的性状,如体高和腹围之间的相关,则随年龄的增长而降低;同一群体内各性状间的表型相关,年龄小比年龄大相关高;不同组织的性状,如骨骼和肌肉的表型相关,随年龄的增长而大大降低。遗传相关和表型相关也随年龄的增长而变化,这表明对生长有一般效应的那些基因系统,在幼龄时期影响较强,而对特定的一组性状以及对特定的单一性状可能产生影响的基因系统,则随年龄的增长而变得更重要。

动物生长发育是一个极其复杂而精细的调控过程,影响家畜生长发育的主要因素有遗传、母体大小、饲养、性别和环境五大因素。遗传因素中,神经内分泌生长轴各因子(激素、受体、结合蛋白等)及其基因对动物的生长发育起着关键作用。目前已经发现,影响胚胎期发育的主基因有原癌基因、性别决定基因、生长发育和分化凋亡基因、生长因子等;影响生后生长发育的主基因有生长激素释放激素、生长抑素、垂体生长激素、生长激素结合蛋白、生长激素受体、类胰岛素生长因子等。

(2)母体大小。母猪个体的大小和胚胎的生长强度有密切关系,母体越大,胎儿体重越大,也即“母大则子肥”。所以要使后代出生体重大,需选用体重较大的母猪。对于生长速度,王继华等(2012)已经证明,一般而言,成年体重大的品种生长速度快。

母体对胚胎大小也有影响。另外母体对胚胎生长发育还有直接或间接两种影响。

(1)胎盘大小。随着胚胎的生长发育,胎盘也快速增长。若由于某种生理原因限制了母体胎盘的生长,就会使胎儿生长受阻。这说明胎盘大小和初生体重之间有密切相关。当母猪过于肥胖时,胎盘增长受限,会导致仔猪发育受阻。

(2)胚胎数量与密度。在多胎家畜中,每窝的胚胎数量过多,胎儿在子宫内相邻位置过近,同窝胎儿之间过度竞争养分,导致有的胚胎生长发育速度降低,甚至被吸收。另外猪和兔的初生重与产仔数呈负相关,产仔数越多初生重越小。

(3)饲养因素。饲养是影响家畜生长发育的重要因素,包括营养水平、饲料品质、日粮结构、饲喂时间与次数等。实验证明,合理和全价的营养水平能保证家畜生长发育正常,使经济性状的遗传潜能得以充分表现。采用不同的营养水平饲养家畜,可以调控各种组织和器官的生长发育。若在不同生长期改变营养水平,可控制家畜的体型和生产力。例如采用 4 种饲养方法来饲养育肥猪,所得结果差异很大,见表 2-5。

表 2-5 不同饲养方法与猪肉质的关系

饲养方法	体重 90 kg 日龄/d	脂肪相对重量/kg	肌肉相对重量/kg	肉质类型
全期充分日粮	180	39	40	鲜肉型
先充分、后限制	240	33	45	腌肉型
先限制、后充分	240	44	36	脂肪型
全期限制	300	28	39	发育受阻

(4)性别因素。性别对体重和外形有两种影响，一是雄性和雌性间遗传上的差异；二是由于性激素的作用，雌、雄两性的生长发育差别较大。

由于公母畜体躯各部位和组织的生长速度不同，故公母畜各发育阶段的体格大小也不一样。猪的初生重，雄性比雌性重约5%。公畜一般生长发育较快，异化作用较强，生理上需要精料较多，在丰富饲养条件下比母畜体重大，在较差饲养条件下则发育不如母畜。提高产肉性能时，严格选择公畜比选择母畜更重要。

去势对家畜的生长发育影响显著。猪在幼年去势后，第二性征不再发育，骨骼长度增长，但厚度发育较差，头部不及未去势公猪宽广，颈及前躯不粗壮。胸部和腰部缩短，颈椎相对变长，骨盘变宽。两性的体型差异缩小，新陈代谢和神经敏感性减低，育肥性能提高。去势(猪 2 月龄前)会引起骨骼生长滞缓，肌肉疏松，沉积脂肪能力增强。

(5)环境因素。在工厂化、集约化饲养情况下，诸多环境因素均会影响猪的生长发育。

光照：光线通过视觉器官和神经系统，作用于脑下垂体，影响脑下垂体的分泌，进而调节生殖腺与生殖机能。猪的育肥，在黑暗条件下比在光线充足条件下脂肪沉积能力提高10%左右。

气温：在炎热干燥的地区，家畜的外形和组织器官均会受到影响。如皮毛色泽变深、蹄质变得致密坚实、汗腺发达、体表面积增大、体躯较小、育肥能力差；在寒冷潮湿地区，皮下结缔组织发达、毛密而长、育肥能力增加。

海拔：地势和海拔过高，气压的变化引起氧气不足，导致家畜的生长发育受阻，繁殖能力降低。而适应了高海拔环境的家畜，呼吸系统发达，胸部长而突出，骨骼变粗，血液浓度增加，血红素和铁质含量也相对增高。

上述各种因素，对猪的生长发育的影响途径是多方面的，引起的变化也是多种的，应将各种因素进行综合考虑，为优良品种的培育提供最适合的条件，有利于高产基因的充分发挥。同时为规模化养猪创造最佳环境，以便获取更大的经济效益。

2.6 断奶的影响及营养调控

实践中遇有应激，例如疾病、仔猪断奶等，就会发生生长速度的巨大变化。断奶时由母乳转变为饲料，还要转移到保育舍，环境陌生等，一般会导致 1～3 d 的厌食导致断奶应激。尽量缩短这个厌食期，发挥这个时期的生长潜力，既是机会也是挑战。图 2-6 表示的是断奶应急导致的仔猪速度的鸿沟。

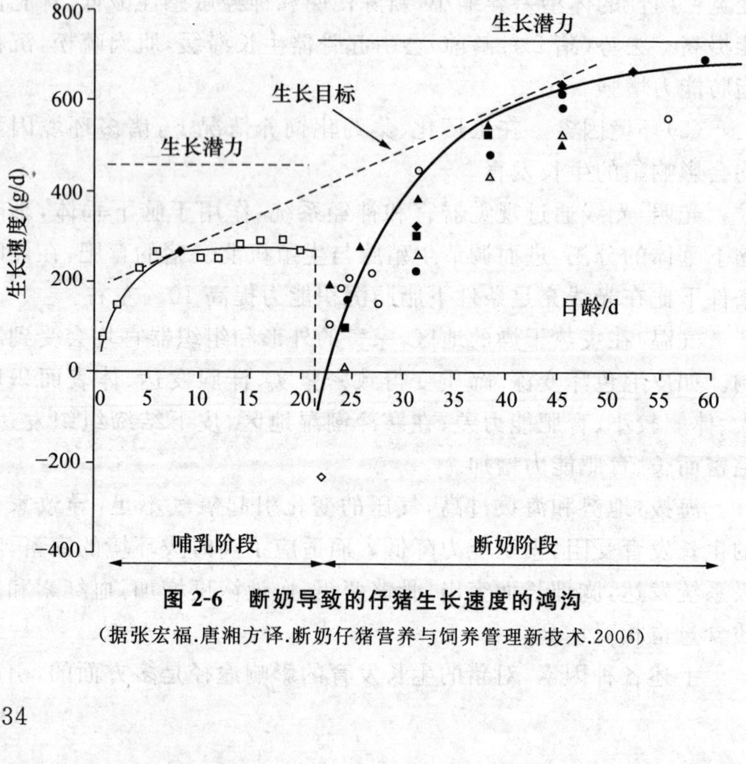

图 2-6 断奶导致的仔猪生长速度的鸿沟

（据张宏福.唐湘方译.断奶仔猪营养与饲养管理新技术.2006）

断奶前后两条经验性生长曲线的最小二乘方程为：

哺乳阶段：$Y=273(\pm3.6)-289(\pm28)\exp(-0.38(\pm0.05))x_1$

断奶阶段：$Y=650(\pm53)-784(\pm57)\exp(0.103(\pm0.02))x_2$

式中：Y 是生长速度（g/d），x_1 是日龄，出生时；x_2 是日龄，断奶时。

从图 2-6 中生长目标线（虚线）可以看出，如果给予适当的饲养管理，克服了断奶应激，仔猪的生长速度不应该在断奶前后下降。人工饲养结果（Hodge，1974；Harrel，1993）也证明，哺乳仔猪和断奶仔猪的日增重可以分别高达 450～550 g/d 和 700～800 g/d，表明供给充足营养，并且其他影响仔猪生长的因素都得到优化时，仔猪的生物学潜力远高于目前实践中达到的性能。

在自然或半人工状态下，猪通常在 12～17 周龄逐渐断奶。商品猪在 3～4 周龄断奶是很大应激，断奶一天内仔猪常不食，动用体贮存维持生命，如果饲料营养和饲养管理不到位，断奶时常发生营养性拉稀，所以仔猪体重下降，一般下降 10%左右，断奶越早影响越大。例如 21～28 日龄断奶的需要 4 d 即可恢复，12～17 日龄断奶的仔猪 1 周时间才能恢复，小公猪和阉公猪的断奶抑制比小母猪严重，但这种差异持续 1 周后就会消失。

断奶后第 1 周的生长速度对其后生长的影响见表 2-6。

表 2-6　断奶后 1 周内的增重对出栏天数的影响

断奶后 1 周内的增重/g	不同日龄的体重/kg			出栏	
				天数	差异
≤0	14.7	30.1	105.3	183.3	0
0～150	16.0	31.8	108.1	179.2	−4.1
150～225	16.9	32.5	111.2	175.2	−8.1
>225	18.2	34.7	113.2	173.0	−10.3

注：21 d 断奶，体重平均 6.23 kg。

可见，断奶仔猪的体重每增加 1 kg，体重达到 20 kg 的日龄就会提前 3 d，上市日龄减少 10 d(Cole and Close，2001)，任何一种能够增加仔猪断奶体重的技术都可以使上市日龄提前。这表明仔猪哺乳期是影响断奶体重和断奶后生长速度的重要因素，例如初生重。据报道，生后因素的效应比生前因素的效应大 3 倍，例如断奶体重对日后生长性能的影响可以占到总变异的 30%～60%；断奶后第 1 周增重约 900 g 的仔猪比没有增重的仔猪提前 15 d 出栏；21 日龄断奶后第 1 周增重超过 225 g/d 的仔猪，达到 109 kg 体重的时间可提前 10 d，由此可见仔猪早期生长的重要性。60 日龄仔猪体重能否达标(23 kg)，是衡量猪场经济效益的关键指标。

断奶体重对断奶后采食量有重要影响，体重大的采食量也大。

断奶日龄越延迟，断奶后的日增重越大；同一日龄断奶的仔猪，体重越大断奶后的日增重越大；尤其是，断奶后的日增重与断奶日龄的相关性，大于断奶后的日增重与断奶体重的相关性；有研究(赵春鹏，2009)表示，180 日龄体重与早期体重为负的相关关系(图 2-7)。换句话说，如果仅仅考虑断奶后日增重，宁可选日龄大

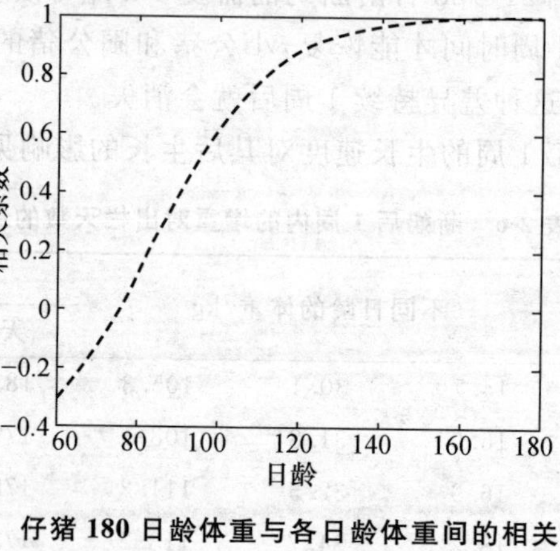

图 2-7　仔猪 180 日龄体重与各日龄体重间的相关系数

(据赵春鹏，2009)

但体重小的猪断奶，也不要选日龄小但体重大的猪断奶；断奶日龄越早，断奶后的表现变异越大，延迟断奶日龄可增加断奶后增重的均匀度；在21～28日龄之间，晚一天断奶，断奶后的平均日增重就增加10 g。

仔猪早期生长速度一直可以影响到上市前增重速度。断奶后第1周体重负增重0.5～1 kg，出栏时间延长15～20 d。如果这一周用流食饲喂，则断奶时的负增长可变为正增长，如果这一周增重0.3～0.9 kg，则出栏时间提前5～15 d。见表2-7。

表2-7 断奶后头1周日增重与后期生长表现(Kansas大学)

日增重/g		<0	0～150	150～230	>230
断奶后体重/g	28日龄	14.7	16.0	17.0	18.2
	56日龄	30.1	31.0	32.5	34.8
	156日龄	105.5	108.4	111.4	113.5
至上市体重的天数		183.3	179.2	175.2	173

注：平均断奶日龄21 d，平均体重6.2 kg。

仔猪断奶时消化道的结构与功能快速转换导致消化能力下降。断奶后第1周，仔猪内脏重量显著变化，小肠重量显著减少，分别为断奶前的141%和80%。小肠的蛋白质和DNA重量以及小肠绒毛高度都下降。因为断奶后第1周大肠是仔猪消化固体饲料的主要场所，大肠重量增加。小肠短暂失重后迅速增重，组织结构也发生显著变化，肠绒毛第1周高度下降65%，第2周修复。断奶后因仔猪采食能量不足胴体组成也发生变化，其中最显著的是因采食量不足而动用体脂和糖原储备以供能。前2 d大概每天要损失80 g体脂，此后几天损失量下降，大概到断奶后17周才可以恢复到断奶前的体脂比例。而采用流食饲喂的仔猪可以保持体脂比例不变。断奶后肠道绒毛高度的降低不是饲料的形态（颗粒料或流食）造成的，而是由于养分采食量不足。断奶前后的日粮营养和采食量对于仔猪的性能表现和健康的影响至关重要,虽然我们不能说管理不重要。

表 2-8 是断奶仔猪采食量和日增重情况。

表 2-8　21 d 断奶仔猪的采食量和日增重

饲料	初重/kg	末重/kg	日增重/g	日采食/g	料肉比
教槽料 21～35 日龄	6.5±0.22	9.7	238±4.304	286±6.917	1.25±0.021
过渡料 35～49 日龄	9.7±1.76	15.2	391±5.618	587±8.627	1.50±0.013
小猪料	15.2	31.5	582±11	1 175±15	2.02±0.03
中猪料	31.5	63.6	765±5	2 196±15	2.87±0.016
大猪料	63.6	89.5	924±23	2 714±40	2.9±0.098
3～21 周	6.5	89.5	659	1 693	2.51

资料来源:英伟中国集团总裁李职的幻灯片,2010。

需要强调,断奶日龄越大,断奶应激越小,并且断奶日龄对断奶后生长的影响远大于断奶体重和断奶后第 1 周增重。目前多数猪场实行 21～28 日龄断奶,在这个范围内,断奶日龄越大,断奶后的生长速度越大。延迟断奶的仔猪营养程序取得成功的要点与更早断奶的仔猪相似,断奶后务必要让仔猪尽快吃上饲料,这是绝对关键的。除此之外,最大限度地提高断奶仔猪采食量、严格执行饲料预算、采用高质量的日粮原料,并最大限度地提高母猪泌乳期的采食量,这些措施都有助于提高猪场的利润。

所谓断奶仔猪的营养调控,可以总结为一句话:一切为了提高采食量!提高断奶后 1 周内的采食量对其一生性能的影响可能远大于提高日粮营养水平。例如,日粮赖氨酸提高一个百分点,自 1.5%提高到 1.6%,假定日采食量为 100 g,那么仔猪多采食赖氨酸 0.1 g/d。如果采食量提高到 150 g 而使用赖氨酸 1.5% 的日粮，那么仔猪多采食赖氨酸 0.75 g/d。由此可见提高仔猪断奶后采食量的重要性。

提高断奶仔猪采食量的关键措施有 7 个，见表 2-9。

表 2-9 改进仔猪采食量的关键措施

影响因素	改善措施
教槽	4～10 日龄开始潜移默化式教槽，少喂勤添，断奶时不换料
饲料质量	高质量饲料，换料时逐渐过渡
料槽空间	断奶时每个仔猪有足够的料槽空间，理想是每猪 100 mm，推荐的是长条式料槽
饮水供应	每 10 只仔猪 1 个乳头式饮水器，或者每 20 只仔猪一个饮水碗。断奶后第 1 周流量每分钟 0.7 L 以上
温度	猪舍温度高低都会降低采食量。在板条式保育舍，断奶时舍温应是 28℃，20 kg 时降到 20℃。稻草铺地时可以降低几度
光照	猪不会在黑暗中开始断奶后的第 1 餐。断奶后 1～2 周应光照 23 h
断奶应激	断奶时尽力避免额外应激，例如接种疫苗，过度操作等

仔猪断奶前采食量一般在 200～250 g，常不被重视。然而已经证实，教槽可以降低断奶时的饲料应激，提高 21 日龄（Sulabo et al.，2010）或 28 日龄（Bruininx et al.，2002）断奶后的采食量和性能。在 4～10 日龄教槽的仔猪，断奶时大约有 80% 会采食饲料，不会采食饲料的是占据母猪前部奶头的仔猪，因为这些奶头产奶量高。教槽使得仔猪在断奶后采食量可以多 40 g/d，改善其一生性能（Sulabo et al.，2010）。

供给充足的新鲜饮水极其重要，最好让仔猪能够看见饮水！

仔猪不饮水就不吃料！仔猪饮水量一般为采食量的2～3倍，且集中在采食时饮水。新断奶仔猪因饥饿饮水较多。检查饮水是否充足的办法是，看看料槽里是否剩料，饮水器是否肮脏，仔猪是否围着争抢饮水器，是否整夜饮水。

总之，严格观测断奶后仔猪的采食量是猪场管理的最重要措施，可以帮助我们了解猪群状况。这里的关键是要掌握“正常状况”，很难掌握“正常采食量”或“平均采食量”。断奶后采食量不仅个体间变异很大，同一栏内相同体重的仔猪采食量差异很大，而且群体间变异也很大。就是说，断奶后采食量的平均数和方差都变异很大，这主要取决于饲料质量、猪群健康状态、环境压力、管理水平和猪群遗传质量。只可惜，一般猪场少见有这个详细记录。

3 猪组织器官的分化生长

家畜个体作为一个整体，其不同组织器官或不同部位的生长发育是相互协调的。例如体重，与线性体尺的立方成正的相关，而且体重的发育还要适应骨骼和肌肉的发育，如果只有体重很大而骨骼发育没有到位，就会发生骨折；如果体重和骨骼都发育很好而肌肉没有很好的发育，那么这个个体也不能正常运动，所谓的“动物”就会很快变为“不动的物”。一般地说，肌肉和骨骼的抗拉强度与其横截面积成正比。

3.1 分化生长的概念

整个机体各组织的生长速率，是不可能完全一致的。因此当机体某一部位的生长和另一部位的生长之间存在着快慢差别时，通常会导致表型性状的变化。若把胚胎的形状与成年个体的体型比较，就更可明显地说明。当然，每种家畜不同部位的生长是有其特定比例的，但它们之间又是协调与相关的。为进一步研究家畜部分与整体的生长关系，提出分化生长的概念。

家畜生长过程不仅包括体重和体积的变大，而且还包括物理结构和几何形态的变化，新的组织器官或形态结构的形成过程被称为分化(differentiation)，这部分组织器官或结构相对于动物身体整体的比例发生的变化，称为分化生长(differential growth)，又称为相关生长(correlative growth)或异速生长(allometry growth)，是指家畜个别部分与整体相对生长间的相互关系。

一旦发生分化，描述生长就变得极为复杂。任何组织或部分的内在生长模型都可以开辟畜牧学的一个广阔的研究领域。但是由于研究生长和发育需要解剖大量的动物，持续的时间也很长，所以，这个研究的耗费也是巨大的。

3.2 分化生长模型

研究不同性状的分化生长时常用的模型只有一个，然而配合模型参数的方法却有几种，不同方法估计的分化生长模型参数，其生物学意义有根本的不同。

我们先介绍最常见的，随年龄发生的分化生长模型。一般教科书介绍的分化生长率，是指两个性状的生长强度之比，通常情况下是某一部位或器官相对于动物机体整体的生长强度之比，即

$$\frac{\partial y/\partial t/y}{\partial x/\partial t/x}=\alpha$$

此式可重写为$\frac{1}{y}\partial y=\frac{\alpha}{x}\partial x$，两边分别求积分，得到：

$\ln y=\alpha\ln x+C$，这里 C 是积分常数，

此式可化简为 $\ln y-\ln x^{\alpha}=C$ 或 $\ln\frac{y}{x^{\alpha}}=C$，此即 $y=\exp(C)\times x^{\alpha}$，令 $\exp(C)=\beta$ 就可得到异速生长方程：

$$y=\beta x^{\alpha}$$

这就是分化生长的数学模型，也叫做相关生长模型。式中 α 是性状 y 的生长强度与性状 x 的生长强度之比，即分化生长率；β 是积分常数，当 $\alpha=1$ 时，它表示性状 y 与性状 x 的相对大小。

根据这个数学模型绘制出的分化生长曲线，见图 3-1。

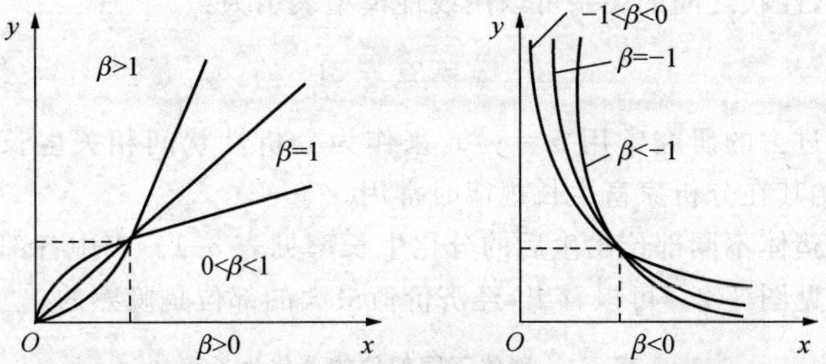

图 3-1　分化生长曲线

若分化生长率的估计值为 $\alpha=1$,则说明在第一次至第 n 次观测的整个观测期间,局部 y 的生长强度与整体 x 的生长强度相等。若 $\alpha>1$ 则说明,在整个观测期,局部 y 生长强度大于整体 x 的生长强度。若 $\alpha<1$ 则说明在整个观测期内,局部 y 的生长强度小于整体 x 的生长强度。注意 β 总大于零,这一点也可以从异速生长方程看出。

如果在初生至成年最大体重期观测某个组织或器官的分化生长,观测数据是自初生至体成熟,这时分析得到的模型参数 α 不仅反映了该性状相对于整体的分化生长率,而且还可以反映该性状成熟早晚。当 $\alpha>1$ 时,反映该性状晚熟,因为在生后它的生长强度大于整体的。若 $\alpha<1$,则反映该性状早熟,因为它在生后的生长强度小于整个躯体的生长强度。这里的早熟与晚熟是相对于出生前后而言的。

如果观测是自受精怀孕开始至初生这段时期,则情况正好相反,当 $\alpha>1$ 时表示观测组织或器官是早熟的,因为在怀孕期生长强度比整体的生长强度大。若 $\alpha<1$ 则说明在胚胎期它的生长强度小于整体的生长强度,所以是晚熟的。这里的早熟与晚熟也是相对于初生而言的。

在很多情况下,如果观测的时期不长,就会近似地有 $\alpha=1$,就是说，性状之间的关系可以用线性模型表示为：

$$y = \beta x + c$$

所以过去的研究常用 $b = y/x$ 来作为分析性状间相关生长的指标，尤其在分析家畜生长规律时常用。

猪体不同部位出生后的分化生长率见表 3-1。表中各部位的划分见图 3-2。可以看出，经济价值最大的部位是晚熟的。

表 3-1　猪体不同部位的分化生长率

性别	公	母	
头	0.70	0.71	早熟
肋与肋间组织	0.92	0.90	
前肢	0.98	0.97	
后肢	1.05	1.04	
腹壁	1.05	1.10	
背最长肌	1.23	1.20	晚熟

数据来源：D.J.A.Cole et al，养猪生产[M].(许振英译).北京：农业出版社，1979.

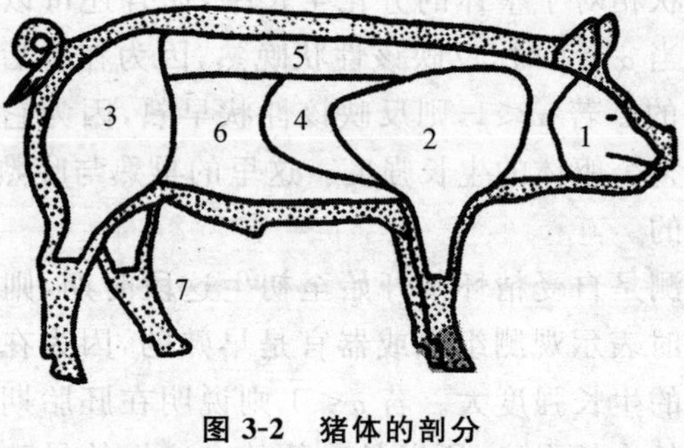

图 3-2　猪体的剖分

1. 头，除去外层结缔软组织　2. 前肢　3. 后肢　4. 肋与肋间组织　5. 背最长肌　6. 腹壁　7. 皮与皮下脂肪

3.3 用最小平方回归法估计模型参数

前已通过机理分析建立了分化生长模型的框架，下一步需要根据试验数据估计模型参数。观测数据型式见表 3-2。表中数据对（x_{ij}，y_{ij}）表示在第 i 个年龄第 j 个体的两个性状 x 和 y 的观测值。

表 3-2 分化生长的数据格式

年龄	m 个个体的观测数据						平均
	1	2	…	J	…	m	
1	$x_{11}y_{11}$	$x_{12}y_{12}$	…	$x_{1j}y_{1j}$	…	$x_{1m}y_{1m}$	$x_{1\cdot}\ y_{1\cdot}$
2	$x_{21}y_{21}$	$x_{22}y_{22}$	…	$x_{2j}y_{2j}$	…	$x_{2m}y_{2m}$	$x_{2\cdot}\ y_{2\cdot}$
…	…	…	…	…	…	…	
I	$x_{i1}y_{i1}$	$x_{i2}y_{i2}$	…	$x_{ij}y_{ij}$	…	$x_{im}y_{im}$	$x_{i\cdot}\ y_{i\cdot}$
…	…	…	…	…	…	…	
N	$x_{n1}y_{n1}$	$x_{n2}y_{n2}$	…	$x_{nj}y_{nj}$	…	$x_{nm}y_{nm}$	$x_{n\cdot}\ y_{n\cdot}$

对于分化生长模型 $y=\beta x^{\alpha}$，当 $\alpha=1$ 时，$y=\beta x$，统计分析简单。但更一般的是 $\alpha\neq1$，这时分析比较复杂。一般是用分化生长模型研究家畜某个组织或器官的体积或重量（y）相对于整个机体（x）的相关生长规律。估计分化生长模型参数常采用“线性化方法”，也叫做“最小平方回归法”，把模型转化为线性回归模型后，按照最小平方法估计模型参数，然后再把参数转换为幂指数形式。

对异速生长方程 $y=\beta x^{\alpha}$ 两边取对数，即可得到线性回归方程 $\lg y=\lg\beta+\alpha\lg x$，所以可用再参数化法转换有关参数，令 $Y=\lg y$，$X=\lg x$，$b=\lg\beta$，再考虑模型残差，就有 $Y=b+\alpha X+e$。对数转换后的模型残差也许更加接近正态分布。

实践中常用表 3-2 中最后一列数据，即各年龄点上的数据均数（$x_{i}.$，$y_{i}.$）配合生长模型。这时的回归模型是 $\lg y_{i}.=\lg\beta+\alpha\lg x_{i}.+e_{i}$，令 $Y_{i}=\lg y_{i}.$，$b=\lg\beta$，$X_{i}=\lg x_{i}.$，得到

$$Y_{i}=b+\alpha X_{i}+e_{i}, i=1,2,\cdots,n$$

根据回归分析原理，在根据观测数据配合回归模型估计模型参数时，应先计算 Pearson 相关系数：

$$r=\frac{\sum XY-\left(\sum X\right)\left(\sum Y\right)/n}{\sqrt{\left[\sum X^{2}-\left(\sum X\right)^{2}/n\right]\cdot\left[\sum Y^{2}-\left(\sum Y\right)^{2}/n\right]}}$$

按 $df=n-2$ 检验 r 的显著性。若相关系数显著，则说明观测值符合异速生长模型。这时可用下式估计模型参数：

$$\alpha=\frac{\sum XY-\left(\sum X\right)\left(\sum Y\right)/n}{\sqrt{\sum X^{2}-\left(\sum X\right)^{2}/n}}$$

$$\beta=\exp\left(\sum Y/n-\alpha\sum X/n\right)$$

这里指出，如果前面对 r 的统计检验是显著的，那么，后面估计的 α 和 β 也显著。

模型的拟合优度为 $R^{2}=1-\dfrac{\sum(\bar{Y}-\hat{Y})^{2}}{\sum(Y-\bar{Y})^{2}}$。

若仅在两个年龄观测了 m 头动物，$n=2$，则可直接按下式求 α 和 β 的估计值：

$$\alpha=\frac{(\mathrm{Log}Y_{2}.-\mathrm{Log}Y_{1}.)}{(\mathrm{Log}X_{2}.-\mathrm{Log}X_{1}.)}, \beta=\sqrt{\frac{(Y_{2}.\times Y_{1}.)}{(X_{2}^{a}.\times X_{1}^{a}.)}}$$

$n=2$ 时，$df=0$，不能进行可靠性检验。

【示例 1】 用猪的体重和卵巢重数据（表 3-3），估计卵巢的分

化生长率，并列出幂指数生长方程。

表 3-3 猪的卵巢重和体重数据的分析

月龄	体重 x/kg	卵巢重 y/g	$\ln x$	$\ln y$	$(\ln x)^2$	$(\ln y)^2$	$\ln x \ln y$
1	8	0.06	2.079 442	−2.813 4	4.324 1	7.915 22	−5.850 3
2	17	0.14	2.833 213	−1.966 1	8.027 1	3.865 549	−5.570 4
3	25	1.10	3.218 876	0.095 3	10.361 2	0.009 082	0.306 8
4	35	1.65	3.555 348	0.500 8	12.640 5	0.250 801	1.780 4
5	42	2.06	3.737 67	0.722 7	13.970 2	0.522 295	2.701 2
6	63	2.86	4.143 135	1.050 8	17.165 6	1.104 181	4.353 7
$\sum$			19.567 68	−2.409 9	66.488 7	13.667 13	−2.278 6

根据表 3-3 数据绘制的体重与卵巢的生长曲线见图 3-3。

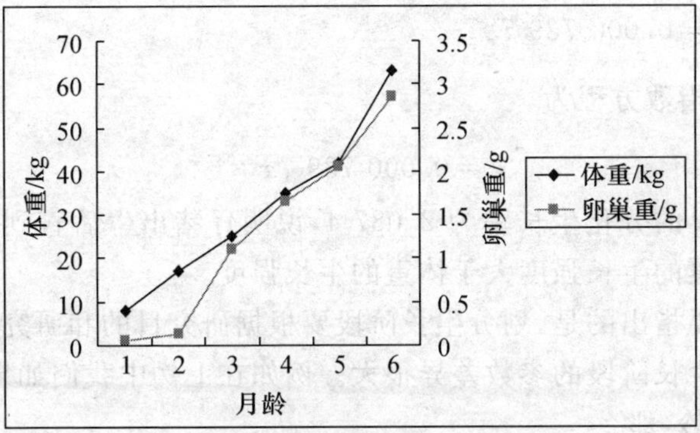

图 3-3 体重与卵巢的生长曲线

由图 3-3 曲线看出，卵巢在 1～2 月龄生长速度最小，2～3 月龄生长速度最大，3～6 月龄生长速度居中。

在估计模型参数之前应先检验模型的可靠性，计算

$$r=\frac{\sum XY-\left(\sum X\right)\left(\sum Y\right)/n}{\sqrt{\left[\sum X^2-\frac{\left(\sum X\right)^2}{n}\right]\cdot\left[\sum Y^2-\frac{\left(\sum Y\right)^2}{n}\right]}}$$

$$=\frac{-2.2786-(19.5676)(-2.4099)/6}{\sqrt{\left[66.4887-\frac{(19.5676)^2}{6}\right]\times\left[13.66713-\frac{(-2.4099)^2}{6}\right]}}$$

$$=\frac{5.580727}{\sqrt{2.672872\times 12.69932}}=0.95789$$

本例 $df=n-2=4$，$r_{0.01}(4)=0.91720$，$p<0.01$，高度显著。所以，可继续计算模型参数，结果如下：

$$\alpha=\frac{-2.2786-19.5676\times(-2.4099)/6}{66.4887-(19.5676)^2/6}=2.0874$$

$$\ln\beta=\frac{-2.4099-2.0874\times 19.5676}{6}=-7.2092$$

$$\beta=0.0007397$$

幂指数方程为

$$y=0.0007397x^{2.0874}$$

卵巢的分化生长率为 2.087 4，说明仔猪出生后直到 6 月龄，母猪卵巢的生长强度大于体重的生长强度。

需要指出的是，划分生长阶段要根据研究目的和研究需要，因为不同生长阶段的参数差异很大。例如在上例中我们如果只考虑 1～2 月龄，那么

$$\alpha=\frac{(\log Y_{2.}-\log Y_{1.})}{(\log X_{2.}-\log X_{1.})}=\frac{0.8473}{0.7538}=1.124$$

$$\beta=\sqrt{\frac{(Y_{2.}\times Y_{1.})}{(X_{2.}^{a}\times X_{1.}^{a})}}=\sqrt{\frac{0.14\times 0.06}{17^{1.124}\times 8^{1.124}}}$$

$$=\sqrt{\frac{0.008\,4}{250.137\,8}}=0.005\,795$$

幂指数方程为

$$y=0.005\,795x^{1.124}$$

可见，在 1～2 月龄卵巢的分化生长率 $\alpha=1.124$，远小于 1～6 月龄的分化生长率 $\alpha=2.087\,4$。这也说明，在 3～6 月龄阶段，卵巢的分化生长率大于 1～2 月龄，这也可以从图 3-3 看出。

上面估计模型参数的方法，依据的数据模型为表 3-2，在每个月龄只有一对观测数据，可以视为表 3-2 中的最后一列，也就是平均数列。如果在每个月龄实际上只测定了一头母猪，那么，这个估计过程的可靠性就很有限了。

实践中应在每个月龄实际观测多头母猪（例如 m 头）。这时可以按照上面介绍的线性转换法估计模型参数，根据平均观测值估计，这与【示例 1】相同；这种方法没有利用每个时间点上多个观测值的信息。

3.4 不同品种的分化生长模型

在每个时间点上都有 m 个品种的观测数据对时，可以对每个月龄的 m 对数据单独配合分化生长模型。就是说，这时可以在每个月龄都得到一对参数的估计值，α 和 β，6 个月龄就会有 6 对参数估计值，这种方法与上一节介绍的方法有本质的不同。因为这样估计模型参数所依据的原理不同，所得到的模型参数的生物学意义也不同，虽然估计模型参数的数学方法相同。我们通过一个示例来介绍这种方法的方法原理。

【示例 2】在每个月龄都观测 6 个猪品种的体重和卵巢重数据（表 3-4），估计卵巢相对于体重的分化生长率，并列出幂指数生长方程。

表 3-4 不同品种猪的卵巢重和体重数据

月龄	不同品种的观测数据(体重/kg,卵巢重/g)						平均
	1	2	3	4	5	6	
1	6.9, 0.037	6.7, 0.04	8.5, 0.07	9.2, 0.08	7.9, 0.07	8.8, 0.07	8, 0.06
2	15.2, 0.128	16.8, 0.13	18.8, 0.16	17.1, 0.15	18.9, 0.16	15.2, 0.12	17, 0.14
3	22.6, 0.87	26.1, 1.32	24.3, 0.90	27.6, 1.33	26.1, 1.26	23.3, 0.92	25, 1.10
4	32.9, 1.31	37.6, 1.99	34.8, 1.76	37.3, 1.96	32.7, 1.32	34.7, 1.56	35, 1.65
5	38.6, 1.75	41.1, 1.88	43.7, 2.26	44.2, 2.45	40.6, 1.66	43.8, 2.36	42, 2.06
6	59.1, 2.53	64.7, 3.01	60.5, 2.51	65.6, 3.22	62.2, 2.56	65.9, 3.33	63, 2.86

先整理原始数据,结果见表 3-5。

表 3-5 猪卵巢与体重的观测数据

月龄	体重/kg		卵巢重/g	
	平均数	方差	平均数	方差
1	8	1.048	0.06	0.000 304
2	17	2.676	0.14	0.000 229
3	25	3.664	1.1	0.050 44
4	35	4.376	1.65	0.091 28
5	42	5.06	2.06	0.114 12
6	63	8.032	2.86	0.138 88

由表 3-5 可以看出，不同月龄猪体重的方差差异很大，卵巢重的方差也有很大变异。从数学角度说，可以根据各月龄平均数按上一节介绍的方法估计模型参数，很明显，应该先用方差齐性检验分析不同月龄的数据是不是来自同一个总体。否则，线性转换法估计模型参数的可靠性就是值得考虑的(Snedecor and Cochran, 1980)。但是实践中，这样估计的模型参数没实用价值。

不过，我们可以根据每个月龄的数据配合分化生长模型。对于每个月龄上的 6 对数据，假定它们属于同一总体(同一物种)。这时估计模型参数的方法几乎与上一节完全相同。因为是同龄猪，所以不考虑时间因素，这时模型参数的生物学定义是：

$$\frac{\partial y/y}{\partial x/x}=\alpha$$

这里的 α 是性状 y 与性状 x 的生长强度之比，可依然称之为分化生长率，只是，这时它是在一个特定年龄点上，性状 x 的微小变化引起的性状 y 的改变量；这只需要把基本定义式改写为如下简化形式即可明显看出：

$$\frac{\Delta y}{\Delta x}\times\frac{x}{y}=\alpha$$

定义式可重写为$\frac{1}{y}\partial y=\alpha\ \frac{1}{x}\partial x$，两边分别求积分，就可得到异速生长方程：

$$y=\beta x^{\alpha}$$

这里 β 是积分常数。

这个模型依然是异速生长模型，与上一节介绍的模型具有完全相同的数学形式，但是导出这个模型的基础和模型参数的生物学意义都有根本的不同。或者说，对于模型参数的解释，有了根本的不同。

下面介绍根据观测数据配合模型参数的方法。

第一步还是要检验观测数据对于分化生长模型的适合性，也就是检验相关系数的显著性，具体计算公式不变，只是这里使用的6对数据是每个月龄观测的6个品种的数据对。例如根据1月龄观测的6对数据估计模型参数，所用公式还是

$$r_1=\frac{\sum X_1Y_1-(\sum X_1)(\sum Y_1)/n}{\sqrt{\left[\sum X_1^2-(\sum X_1)^2/n\right]\cdot\left[\sum Y_1^2-(\sum Y_1)^2/n\right]}}$$

这里加上下标1是为了表明，计算使用的数据都是第一个月龄的观测值，其他含义不变，下同。

依然是按 $df=n-2$ 检验 r 的显著性，只不过这里的 n 是1月龄观测的品种个数，在本示例中为6。若相关系数显著，则说明观测值符合异速生长模型。这时依然是用下式估计模型参数：

$$\alpha_1=\frac{\sum X_1Y_1-(\sum X_1)(\sum Y_1)/n}{\sqrt{\sum X_1^2-(\sum X_1)^2/n}}$$

$$\beta_1=\exp(\sum Y_1/n-\alpha_1\sum X_1/n)$$

需要强调的是，这几个计算公式中的 X_1 和 Y_1 依然是对原始数据进行对数转换后的数据。

下面以1月龄数据配合分化生长模型的计算为例。先对原始数据进行对数转换，并作初步统计，结果见表3-6。

表3-6　1月龄数据的对数转换和初步统计

	品种1	品种2	品种3	品种4	品种5	品种6	求和
$X_1=\ln x$	1.932	1.9	2.14	2.22	2.07	2.17	12.43
$Y_1=\ln Y$	−3.3	−3.2	−2.7	−2.6	−2.7	−2.6	−17.1

续表3-6

	品种1	品种2	品种3	品种4	品种5	品种6	求和
X_1^2	3.731	3.618	4.580	4.925	4.272	4.730	25.855
Y_1^2	10.869	10.525	7.471	6.641	7.072	6.850	49.428
X_1Y_1	−6.37	−6.21	−5.8	−5.7	−5.5	−5.7	−35.3

把有关数据代入公式即可求得

$$r_1=\frac{-35.3-(12.43)\times(-17.1)/6}{\sqrt{\left[25.855-\frac{(12.43)^2}{6}\right]\cdot\left[49.428-\frac{(-49.428)^2}{6}\right]}}=0.94$$

本例 $df=n-2=4$，$r_{0.01}(4)=0.917\ 20$，$p<0.01$,高度显著。所以,可继续计算模型参数,结果如下：

$$\alpha_1=\frac{-35.3-12.43\times(-17.1)/6}{25.85-(12.43)^2/6}=0.448$$

$$\ln\beta_1=\frac{-17.1-0.448\times12.43}{6}=-3.783\ 34$$

$$\beta_1=\exp(\ln\beta_1)=\exp(-3.783\ 34)=0.023$$

幂指数方程为

$$y_1=0.023x^{0.448}$$

其他月龄的模型参数估计值可以依次求出,见表3-7。

表3-7 各月龄模型参数的估计

月龄	r	α	β
1	0.94	0.448 114	0.022 747
2	0.93	0.220 995	0.074 551
3	0.94	0.272 363	0.450 056

续表3-7

月龄	r	α	β
4	0.97	0.231 979	0.713 219
5	0.92	0.203 022	0.953 82
6	0.94	0.165 843	1.428 795

根据不同月龄估计的模型参数图见图 3-4。

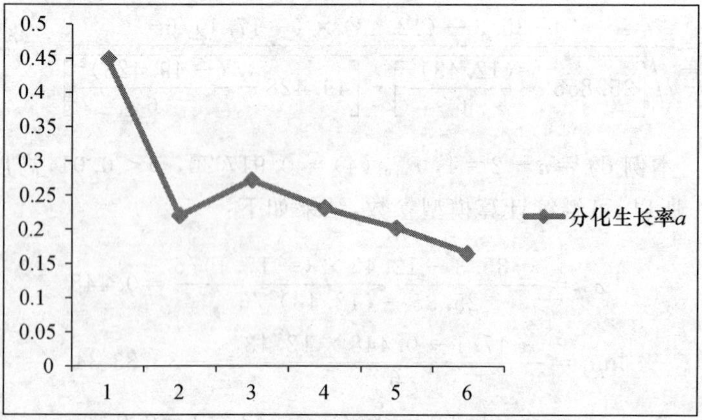

图 3-4　不同品种的分化生长率随月龄增加而降低

此图清楚地表明，各月龄的分化生长率都小于 1，其生物学意义是，对于同一年龄的生长猪，体重大的品种卵巢生长强度相对较小，体重小的品种卵巢生长强度相对较大，这说明，生长快的品种，卵巢发育相对较晚；尤其是，随着年龄增加，分化生长率逐渐变小，这说明，长得越快的品种其卵巢发育相对越晚的现象，在 1～6 月龄范围内，随年龄增加越来越明显。

从图 3-4 可以看出，不同月龄得到的回归线的斜率不同。有几个月龄，就有几对模型参数（α_i, β_i）。所以，我们可以采用多元线性模型分析方法处理试验数据，这时的线性回归模型应该是：

$$Y_{ij} = b_i + \alpha_i X_{ij} + e_{ij}$$

式中：Y_{ij} 是第 i 月龄第 j 个体的卵巢重的对数；X_{ij} 是第 i 月龄第 j 个体体重的对数；α_i, b_i 是第 i 月龄的线性回归模型参数。

关于多元线性回归模型分析方法的进一步介绍，可以参考线性模型分析方法类书籍。

前已指出，不同月龄猪的体重方差的差异很大，卵巢重的方差也有很大变异；就是说，不同月龄的数据一般不是来自同一个总体，所以我们分别对 6 个月龄配合出 6 个回归方程。

不同月龄的回归方程之间是否存在显著差异？为了比较不同月龄的回归方程，可以先求出各月龄平均的回归方程作为比较的基础。在这个平均的回归方程中，参数 α, b 分别按照下式计算：

$$\hat{\alpha} = \sum (\hat{\alpha}_i / s_{\alpha i}^2) / \sum (1/s_{\alpha i}^2)$$

$$\mathrm{Var}(\hat{\alpha}) = 1/\sum (1/s_{\alpha i}^2)$$

可以看出，这里的 $\hat{\alpha}$ 是不同月龄分化生长率的加权平均数，用每个月龄的分化生长率估计值的方差的倒数作为加权因子。

根据这个平均分化生长率计算校正后的回归线截距：

$$\hat{b} = \overline{Y}_i - \hat{\alpha}\,\overline{X}_i$$

其方差为：

$$\mathrm{Var}(\hat{b}) = s_i^2/n + \overline{X}_i^2 V(\hat{\alpha})$$

这里 s_i^2 是环绕第 i 月龄回归线的残差均方。如果假定各月龄回归线的斜率相等，就可以计算出一个总的、共同的回归线。各月龄回归线斜率相等的假设可以用 F-测验进行分析，比较一个月龄的回归模型的斜率与总回归模型的斜率。各月龄回归线的截距差异是通过比较各月龄回归模型的校正截距与零假设的差异。如果不同月龄间的总回归线差异显著,就可两两比较各月龄的回归线,找出回归线相同的月龄。各月龄残差方差不等、样本大小不等时,多数的多重比较方法都不能使用,例如 Newman-Keuls 法、Duncan 法、Tukey 法等,这就难以找出模型相同的月龄。这时可以通过校正的概率水平通过两两 t-测验的方法,按照下列公式对不同月龄回归线的斜率和截距的差异进行测验:

$$t_{斜率}=(\alpha_i-\alpha_j)/\sqrt{(s_{\alpha i}^2+s_{\alpha j}^2)}$$

$$t_{截距}=(b'_i-b'_j)/\sqrt{\mathrm{Var}(b'_i+b'_j)}$$

$$\mathrm{Var}(b'_i+b'_j)=s_i^2/n_i+s_j^2/n_j+(\bar{x}_i-\bar{x}_j)^2V(\hat{\alpha})$$

这里指出,如果在横坐标上观测值的范围不重叠,回归线间差异的统计检验就很不敏感。

关于不同回归模型比较的进一步介绍,也可以参考线性模型分析方法类书籍。

3.5 猪不同组织器官的分化生长率

动物各组织生长规律不同,从胚胎开始,最早发育和最先完成的是神经系统,依次为骨骼、肌肉,直到动物达成熟体重的 50%～60%时,开始长脂肪,就是"小猪长骨,中猪长肉,大猪长膘"。早熟品种和营养充足的动物生长速度快,器官生长发育完成早,但骨骼、肌肉和脂肪生长发育强度的顺序不变。

猪主要经济性状或组织的时态生长规律如图 3-5 所示。

据报道,脂肪型猪体组织的生长强度是骨骼＜肌肉＜皮＜脂肪,而瘦肉型猪是骨骼＜皮＜肌肉＜脂肪。

不同性状的分化生长很少是 $\alpha=1$ 的关系,更多的报道是以整体重为自变量 x,这时观测的组织或器官为依变量 y,估计的模型

参数 a 即为分化生长率。例如，猪体成分可用分化生长公式 $y=ax^b$ 或 $\log y=\log a+b\times\log x$ 计算。这里 y 是体成分，x 是猪空腹体重。a 和 b 的值见表 3-8 和表 3-9。

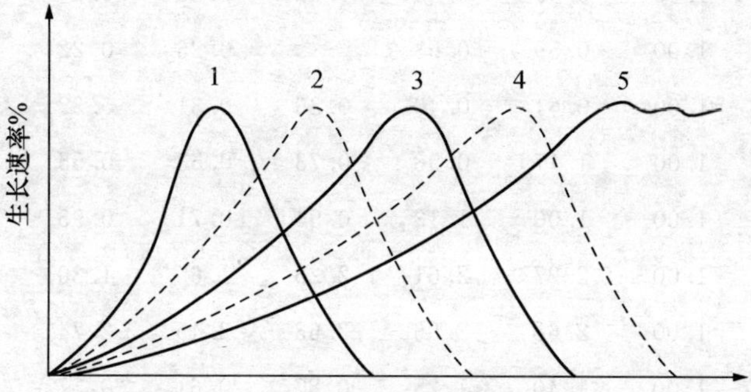

图 3-5　猪体组织生长发育的顺序与生长强度

1. 神经组织　2. 骨骼　3. 肌肉　4. 脂肪　5. 日采食量

表 3-8　自由采食 20～160 kg 活重猪的分割胴体的分化生长率

项目	b	a	x 为 100 时的 y 值
胴体的去骨瘦肉	0.97	0.41	36
胴体的去骨脂肪	1.40	0.03	19
胴体的骨骼	0.83	0.16	7.3
整体的蛋白质	0.96	0.19	16
整体的水	0.86	0.93	49
整体的脂肪	1.50	0.02	20
整体的灰分	0.92	0.049	3.4

注：活重＝空腹体重×1.05；数据来源：ARC，1981。

表 3-9 猪不同器官的分化生长率

日龄	0	60	120	180	240	300	360
心	1.00	0.59	0.53	0.52	0.36	0.34	0.38
肺	1.00	0.59	0.63	—	0.26	0.22	0.20
肾	1.00	0.61	0.46	0.36	0.31	0.32	0.28
肝	1.00	1.17	0.98	0.73	0.53	0.55	0.44
脾	1.00	1.00	1.12	0.94	0.71	0.95	1.07
胃	1.00	2.27	2.61	2.25	1.65	1.30	1.27
大肠	1.00	2.68	2.96	2.63	2.45	2.74	1.99
小肠	1.00	1.40	1.25	0.87	0.61	0.57	0.42

数据来源：东北农学院小家畜教研组，1962。

3.6 影响分化生长率的生物学因素

①分化生长率随年龄而变化。一般论著都是对出生至成年最大体重这段时期内的某段时期或几个时间点的观测数据进行综合分析，如前面介绍的估计分化生长参数 α 和 β 的方法，这显然是生后各期分化生长率的平均估计结果。另一种办法是在同一日龄观测 m 头家畜，据此 m 对数据配合相关生长模型 $y=bx^{a}$，估计出该日龄的参数 α 和 β。如【例 2】。

②体重是决定分化生长率的主要因素。Lister and McCance (1967)曾用低饲养水平喂猪，周岁体重仅 5～6 kg，而正常饲养的同窝猪已长到 100 kg。它们的体型比例也大不相同。此后，对限食猪恢复正常饲养，它们逐渐接近了正常猪体重，其他差别也逐渐缩小。这个试验结果将在“补偿生长”一章详细介绍。当然，营养决定体重，但不能说营养是决定分化生长率的主要原因。因为体

重本身也含有年龄因素，而营养则否。1日龄的猪营养水平再高，也不同于成年猪的体型比例。

③不同性状的分化生长率是相互协调的。实践中常常发现，各组织间会充分调节，以形成协调的器官。有时，这种调节是一个组成部分的生长方式影响了另一组成部分的生长方式。

从上述讨论可以看出：家畜整体或部分的重量或大小尺寸，在个体发育过程中不是匀速生长的，而是有时快、有时慢。不同性状间的关系，如体型，各部分相对于整体的分化生长率等，在个体发育过程中也不是一成不变的。这些规律常用一句话概括：生长的不平衡性。

3.7　猪体化学成分和氨基酸的分化

猪出生后，机体化学成分随体重生长而变化。杂种商品猪肌肉组织在30～110 kg体重时生长速度最大。见表3-10。

表3-10　猪体的化学成分

体重/kg	化学组成/%			
	水	蛋白质	脂肪	灰分
1.5	82.06	10.11	1.73	3.12
6.4	71.60	15.17	11.01	3.01
18	69.32	15.75	11.33	2.16
36	66.08	16.31	11.47	2.77
54	58.48	16.00	17.25	2.79
73	56.58	14.64	22.98	2.49
91	53.33	14.33	28.04	2.48
109	51.01	14.40	30.42	2.47
127	42.32	13.73	39.43	2.44
145	42.28	12.61	41.10	2.37

来源：Shields et al，1983。

肌肉组织的主要成分是蛋白质，也含有少量脂肪。随年龄增长，肌肉中水分含量减少，而粗蛋白质和粗脂肪增加。各种动物组织其化学成分含量变化的基本规律类似。表 3-11 是 0～28 周龄生长肥育猪肌肉组织化学成分含量(%)的变化情况。

表 3-11　不同年龄猪肌肉组织化学成分含量的变化

年龄/周	水分/%	脂肪/%	蛋白质及其他/%
出生	81.5	1.9	16.6
4	75.7	4.3	19.9
8	76.2	4.7	19.0
16	75.7	3.4	20.9
20	74.4	4.0	21.6
28	71.8	5.6	22.6

引自 Kirchgessner M.，1987：246。

蛋白质的氨基酸组成随年龄和体重而变化，但变化不大(张宝荣等，1998)，这可从表 3-12 看出。所以 NRC 的《猪营养需要量》使用了固定模型。

表 3-12　各胴体重阶段肌肉中氨基酸的含量

氨基酸	胴体重/kg					平均胴体重/kg
	52.21	57.78	61.75	67.06	73.25	62.41
必需氨基酸/%						
赖氨酸	1.49	1.48	1.55	1.53	1.34	1.478
苏氨酸	0.77	0.75	0.81	0.79	0.75	0.774
蛋氨酸	0.47	0.52	0.51	0.52	0.47	0.498
精氨酸	1.1	1.11	1.18	1.15	1.1	1.128

续表3-12

氨基酸	胴体重/kg					平均胴体重/kg
	52.21	57.78	61.75	67.06	73.25	62.41
异亮氨酸	0.79	0.83	0.85	0.85	0.79	0.822
亮氨酸	1.36	1.31	1.44	1.41	1.34	1.372
缬氨酸	0.86	0.91	0.92	0.91	0.85	0.89
苯丙氨酸	0.84	0.85	0.85	0.89	0.81	0.848
酪氨酸	0.6	0.59	0.62	0.61	0.56	0.596
组氨酸	0.63	0.63	0.69	0.67	0.63	0.65
脯氨酸	0.53	0.45	0.57	0.49	0.53	0.514
色氨酸	0	0	0	0	0	0
胱氨酸	0	0	0	0	0	0
合计	9.44	9.43	9.99	9.82	9.17	9.57
非必需氨基酸/%						
丝氨酸	0.64	0.64	0.69	0.66	0.64	0.654
谷氨酸	2.58	2.62	2.79	2.72	2.6	2.662
甘氨酸	0.72	0.72	0.76	0.77	0.72	0.738
丙氨酸	0.92	0.94	0.98	0.97	0.93	0.948
天门冬氨酸	1.57	1.57	1.68	1.62	1.56	1.6
合计	6.43	6.49	6.9	6.74	6.45	6.602

注:必需氨基酸中色氨酸和胱氨酸没测定,非必需氨基酸更没测定全。

需要指出,表3-12是胴体肌肉的氨基酸组成。

4 猪的补偿生长

补偿生长的观念可能会严重影响我们选择饲料和仔猪保育期管理。多种动物表现有补偿生长效应，由于影响动物补偿生长效应的因素较多，不同研究结果差异较大。如果我们相信猪会在日后的生长期赶上任何丢失的早期生长，在保育期的营养和管理就不那么重要——改善仔猪早期生长发育真的是太难了。问题是，猪群有没有补偿生长？补偿生长能否追回失去的机会？如果能，那就太好了：我们可以利用补偿生长现象，早期给予低成本的饲料，损失的生长量可以在后来育肥期使用低成本的育肥期饲料补回，这就降低了整个商品猪的饲料成本。所以由补偿生长带来的饲养管理上的经济效益实在是令人憧憬的。可是，我们需要证据来解释补偿生长的发生，在什么情况下，在多大程度上发生补偿生长？最重要的是，我们如何把补偿生长转化为商业优势？

Wellock 等(2013)对猪的补偿生长现象做了全面的分析总结。

4.1 剑桥大学的试验结果

一个经典例子是在剑桥大学进行的试验。猪被保持在一个慢性营养不良的状态持续一年，猪的体重只有 5 kg，而其外貌却是惊人的正常，见图 4-1。

当这些动物均恢复正常营养供给后，它们的生长完全正常，大多数的猪达到了正常猪成年体重的 90%，繁殖性能好像也令人满意(Lister and McCance，1967)。这是一个物种在遭遇恶劣环境时表现其非凡适应能力的见证。

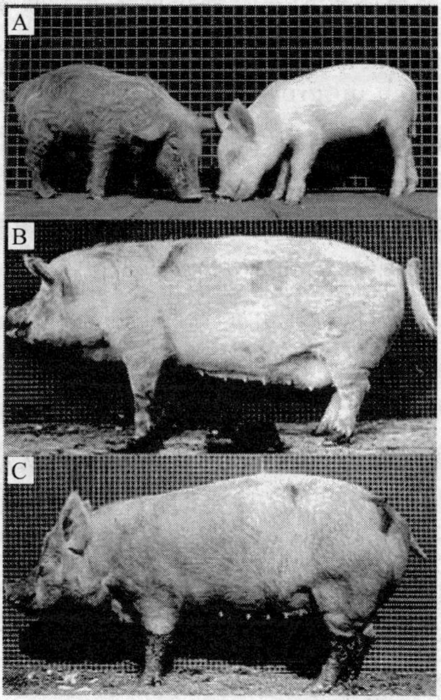

图 4-1　猪不同营养状况的对照

A. 1 岁的严重营养不良的猪(左),相同体重的正常猪(右);B. 正常成年母猪。C. 康复猪的成年期。引自 Lister and McCance (1967)

4.2　补偿生长规律

(1)补偿生长的概念和意义。首先需要给出一个确切的补偿生长概念。因为饲养管理不良或疾病等原因,使得家畜的遗传潜力不能正常发挥,正常的生长模式被打断,体重停止生长或减轻,外形或组织器官也产生相应变化,通常把这种现象叫生长受阻(growth retardation);情况恢复正常后,它们好像要找回遗传潜力决定的在该年龄应该达到的体重或组织器官的重量,表现出超强的生长速度,家畜体重和受阻部位的生长速度高于那些不曾受阻的同类个体,这种现象就是补偿生长(compensatory growth),俗称追赶生长(catch up growth)、反弹生长(rebound growth),在疾病康复后则称为康复生长(rehabilitative growth)。

从生物学角度看这是耐人寻味的,大自然赋予动物这样一个明显的抗衡食品供应波动的能力,这些动物好像具有"预定"的生长潜力,并且,它们能够感知在当前这个年龄,体重或组织器官应该达到的重量。至于这种感知的途径(sensing mechanism),可能是中枢神经系统,然而这个设想是很难加以验证的。由于每个细胞含有 DNA 的数目固定,那么体型大小应该受 DNA 总量或总的细胞数目和细胞大小的控制,总的 DNA 含量就应该是决定此时体型大小的主要因素。所以,只要 DNA 总量不受影响,营养受限的结果就应该是生长受阻,或体型不达标,营养恢复后就应该有补偿生长;如果 DNA 总量受到影响,就可期望营养恢复后不出现补偿生长。所以,按照这个思想,我们就可根据 DNA 总量的化验结果来预测是不是可以出现补偿生长。

从生物学角度看,在自然状态下,补偿生长能力允许草食动物最大限度地缓冲自然食品供应的季节性变动,具有重要适应性意义。根据这个思想,那些在自然状态下没有显著季节性食物变动的物种,可能就没有进化出补偿生长能力。在驯化前的野生状态时草食动物的食物供应多是季节性的,所以应该有补偿生长现象;而猪是杂食动物,在野生状态下其食物不完全是季节性的,所以根据自然选择原理,不应该像草食动物那样表现出那么大的补偿生长。

在过去的50年内,已经出版了大量的论著,报道和概括了家畜补偿生长的研究结果。Wilson and Osbourn(1960)和 Doyle and Leeson(1998)认为在非草食哺乳动物和鸟类都存在补偿生长现象,然而 Allden(1970)、O′Donovan(1984)、Ryan(1990)、Berge

(1991)、Hogg(1991)则认为只在牛和羊存在着补偿生长现象,尤以牛最为明显;综合考虑补偿生长的经济意义和大量试验报道,Doyle and Leeson (1998)认为,这可能只是物种间的边际差异(a marginal species difference);Lawrence and Fowler(2012)认为,在牛和羊以外的草食动物和鸟类,它们表现补偿生长的程度不及牛和羊。

有不少商业化猪场存在补偿生长的报道(Wellock et al, 2013),例如早期给予氨基酸受限的日粮导致生长受阻,后来实验结束时得到补偿生长。就是说,营养受限与不限制的猪在试验结束时体重差异不显著,营养限制组后来发生了明显的追赶生长。我们是否应该为这种普遍发生的补偿生长现象高兴呢?或者说,这种普遍存在的补偿生长是不是具有商业价值呢?能否为猪场带来利益,才是我们关注的重点。

(2)生长受阻的规律。生长受阻有不同程度。营养不良导致猪体重下降时,称作严重受阻;猪体重保持不变时称作受阻;体重生长速度降低时称作温和受阻。

①对消化器官的影响。长期营养不良会导致消化系统的高度发育,因为越是营养不良,它们就越需要充分地利用食物。笔者发现,1950 年代后期出生的中国人,现在具有较大体积的肝脏,可能是因为在他们的生长期遭遇了 1960 年的饥荒。在猪的研究中也报道了相同的结果(Ratcliffe and Fowler, 1980)。早期生长受限的仔猪,在得到良好的营养供给后表现出的补偿生长,主要原因,除了前已指出的采食量增加外,还表现为内部消化器官和胃肠道的增重。测定了他们的器官与体重之比发现,他们的消化器官较大,这可能是消化器官和胃肠道在补偿生长上比其他器官有更重要的作用。沉积在胃肠道内外的脂肪组织也可能对补偿生长有重要作用(Iason and Mantecon, 1993),在营养受限时这些脂肪分解供能,营养恢复后它们重新沉积。

②代谢方面的变化。在营养不足时，动物机体的代谢会发生改变，心律和呼吸次数可以作为代谢强度的标志。观测表明，开始营养不足时，心律放缓，呼吸次数降低，血液内的生长激素浓度升高，脂肪酸、葡萄糖浓度和尿素氮浓度，IGF-1、甲状腺素和三碘甲状腺原氨酸的浓度都降低。这可视为动物机体对于营养不良发生的一种适应性反应。

有报道，营养不足时饲料效率变高，原因可能是肠道填充不足，放慢了饲料通过消化道的时间，增加了饲料的消化时间。

③繁殖方面的变化。母畜严重营养不足，一般在胚胎发育后期才显著抑制胎儿发育。原因可能是，早期胎儿的营养需要量很小，营养受限时胎儿可以利用母体组织作为营养源。

④对不同组织的影响。从胚胎发育后期到成年，某一部分若处于生长强度最大时遭到营养不足，那么该部分所受影响最大。

任何阶段营养不足，对不同部分或组织所产生的阻抑作用，与该部分成熟的早晚有关。营养不足发生之前已成熟的部分受影响最小，此后才能成熟的部分受影响最大。例如正常情况下成熟早晚顺序是脑→骨→肌肉→脂肪，若营养不足发生在骨骼成熟后肌肉成熟前，那么受影响最小的是脑，其次是骨，受影响最大的是肌肉和脂肪。

⑤当营养不足时，机体会本能地分解利用本身的组织为养分，以保持生命不息。分解利用的顺序，与正常成熟早晚的次序相反。最初是脂肪，其次为肌肉，最后是骨骼。

图 4-2 中箭头多少表示该组织在维持生命不息和物种不灭中所起作用的大小。当营养不足时，每种组织各减去一个箭头，这时脂肪生长完全停止，其他成熟早的组织器官则以较慢的速度生长。

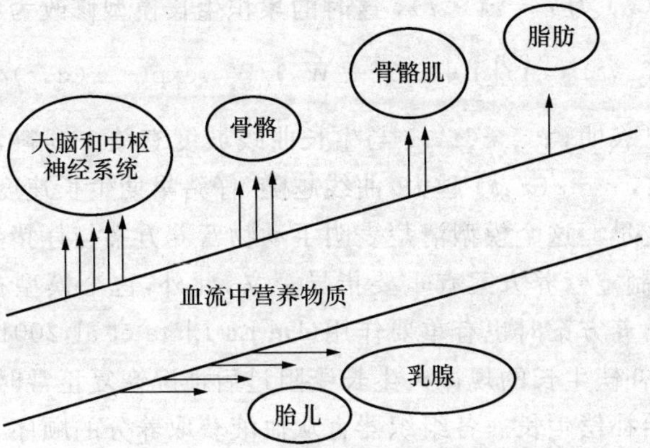

图 4-2　血液养分供应示意图

(John Hammond,1944)

当营养来源继续减少时,再减一个箭头,肌肉停止生长,而脑、骨和胎盘胎儿仍可继续生长,这里脂肪箭头数已为负 1,表示开始分解脂肪以维持生存和胎儿所需之能量。营养更加不足时,再减一个箭头,这时骨骼生长停止,肌肉也开始分解以维持生命和胎儿。若营养再严重不足,则胎儿流产,母体本身也可能死亡。

⑥某一部位或组织发育受阻时,会影响相关部位生长。如体轴骨和四肢骨生长受阻,必将导致体长和体高等体尺生长受阻;肌肉和脂肪发育受阻,必然导致胸围、体重等的相应变化。

Lister and McCance (1967) 的实验表明,仔猪体重不仅是年龄的函数,更主要的是累计营养采食量的函数。就是说,仔猪的累积生长模型,不应该仅仅考虑年龄因素,更主要的是要考虑营养因素,因此我们把仔猪体重写作 $W=g(z,t)$。前已给出 Logistic 模型 $W=A/[1+((A-W_0)/W_0)\exp(-rt)]$,而 $r=r(z)$,所以我们有

$$g(z,t)=A/[1+((A-W_0)/W_0)\exp(-r(z)t)]$$

考虑到不同年龄的仔猪所需要的营养水平不同,所以应该修

改 $r=r(z)$ 为 $r=r(z,t)$，这时的累积生长模型修改为：

$$g(z,t)=A/[1+((A-W_0)/W_0)\exp(-r(z,t)t)]$$

前已表明，$r=r(z,t)$ 与生长曲线坡度有关。饲料营养水平 (z) 越高，$r=r(z,t)$ 越大，曲线越陡，仔猪早期生长速度越大，上市日龄越早。这个模型清楚表明了动物营养方案与仔猪生长的关系，对于制定营养方案有重要指导意义；此外，这个模型在制定仔猪最佳营养方案时也有重要作用(De La Llata et al,2001)。

(3)补偿生长的规律。生长受阻过后情况恢复正常时，各组织器官开始补偿生长。各组织器官从血液获取养分的顺序与该组织器官在维持生存中所起的作用成正比。图 4-2 中箭头多的优先摄取，箭头少的稍后。

生长受阻能否完全补偿？这要看受阻的程度和受阻时间的长短。一般认为，家畜具有迅速、强大的补偿生长能力。Lister and McCance (1967)用猪做的实验似乎可以说明这一点；但如果受阻异常严重，时间实在太长，就很难完全补偿，只能在体重和部分体尺上得到一些补偿。

补偿生长效应对猪、牛机体组成的影响，研究结果差异较大。这可能取决于影响程度，是否伤及了当时的细胞分化——也就是 DNA 含量的增长。早期严重限制仔猪的蛋白质摄入，可限制后期猪只体蛋白积蓄和生长速度，减少 DNA 在肌肉中的含量，即使这些猪只后期饲喂营养平衡的饲料时，脂肪的增长提高而蛋白的增加降低。

消化器官在补偿生长方面的表现不同于其他组织器官，尤其是肝脏。由于肝细胞在成年时也具有细胞分裂的能力，所以很可能在营养受限时，为了充分利用有限的食物，加强肝脏功能，导致肝细胞生长或分裂使得肝脏增大；营养恢复后，肝细胞大小恢复正常，营养受限时细胞分裂导致的肝细胞数增多，在解除了营养受限后，就会表现为肝脏器官整体的变大。

(4)补偿生长效应对生长性能的影响。动物补偿生长是指动物机体在经过生长限制因素（如营养限制、疾病）后，为了补偿生长限制期间的生长而出现的加速生长的生理过程。动物在营养受限时导致体重比正常营养组低，在营养供给恢复正常后，表现出比正常营养组更高的增重速度，其中，营养限制（营养物质采食量不足或营养障碍）是诱发动物补偿生长的重要因素。这可能是由于营养受限动物的维持需要降低，所以可将更多营养素用于生长。对肉鸡、猪和肉牛的研究都发现在营养受限后恢复正常营养供给时，表现出饲料利用率的改善。这可能是因为营养受阻时消化器官超强发育，降低了体重和维持能量消耗导致的结果。在奶牛和肉牛试验中均发现，限制饲养导致维持能量消耗降低的直接原因是甲状腺素 T3 水平的降低。

一般地说，中等营养水平有利于改善生长速度，低营养水平有利于改善饲料效率，而免疫力的改善需要高的营养水平，如图 4-3 所示。

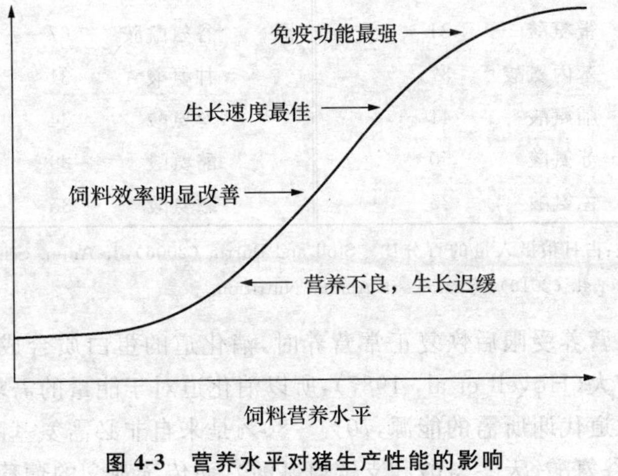

图 4-3　营养水平对猪生产性能的影响

(5)补偿生长效应对机体组成的影响。如果采食量增加影响体重的补偿生长,那么,消化道必须有一个合适的大小,因为采食量增加要求消化道的容积也要增加。这意味着,消化道的生长影响体重的补偿生长。

事实上,消化道对于日粮营养的需要量很大。猪胃肠道占体重的比例<4%,但消耗超过20%的氧。猪用于维持需要的能量中,肠道大约占24%,而肠道上皮更新是个耗能过程,降低肠上皮细胞更新将节约能量用于生长。仔猪肠道消耗的日粮氨基酸比例更是远远超过肠道占体重的比例,见表4-1。

表4-1 仔猪小肠对必需氨基酸和非必需氨基酸的降解

必需氨基酸/%		非必需氨基酸/%	
精氨酸	40	丙氨酸	10
组氨酸	29	天冬酰胺	26
异亮氨酸	34	天冬氨酸	95
亮氨酸	36	胱氨酸	31
赖氨酸	45	谷氨酸	97
蛋氨酸	31	谷氨酰胺	67
苯丙氨酸	37	甘氨酸	31
脯氨酸	41	丝氨酸	34
苏氨酸	50	酪氨酸	29
色氨酸	25	缬氨酸	35

注:占日粮摄入量的百分比。Stoll and Burrin (2006),J. Anim. Sci. 84:960-972;Wu et al. (2010) Dynamics in Animal Nutrition。

在营养受限后恢复正常营养时,消化道的蛋白质合成和沉积速度增大(Hovell et al, 1987),所以消化道对于能量的需求增大,而消化道代谢所需的能源,70%~80%是来自非必需氨基酸(谷氨酰胺、谷氨酸、天冬氨酸和支链氨基酸),而传统观念的葡萄糖只为肠道能量需要量提供 20%～30% 的能量（Wu et al, J Nutr Biochem 2004; Burrin et al, 2005）。当给予生长猪低蛋白日粮时，优先满足肠道，日粮蛋白质显著降低时，首先受到影响的是外周瘦肉组织。

仔猪早期断奶时常出现的断奶应激，主要原因其实是营养受限。仔猪断奶后采食量降低，消化吸收受阻，肠绒毛上皮细胞的更新和屏障作用所依赖的营养不足，会损伤肠绒毛。断奶应激加速肠黏膜细胞凋亡，造成肠绒毛大量脱落，这就要求肠黏膜组织加速代谢合成新组织来维持正常消化和吸收功能，而这时仔猪采食量不足，不能满足肠黏膜上皮细胞更新的营养需要。肠道是体内最大免疫和内分泌器官，肠道营养不良或损伤都会抑制仔猪免疫功能发育，进一步影响仔猪的生长。

对肉鸡早期限饲，其体脂和腹部脂肪均有降低。研究表明，在能量限饲期间，肝脏与脂肪合成的酶活性受到抑制，限饲导致脂肪细胞的增生延后，肉鸡合成脂肪的能力受到严重抑制。在肉鸡 6～21 日龄进行限饲，脂肪细胞数量在限饲期和营养恢复期都显著降低，脂肪细胞的直径在营养限饲期显著低于正常营养组，而在营养恢复期则无显著差异。采用日粮稀释的办法导致的生长受限，在营养恢复后，补偿生长效应对胴体重量和胸肉产率均无显著影响，但补偿生长组的腹部脂肪显著低于正常营养组。

4.3　补偿生长的作用机制

针对动物补偿生长效应的作用机制已有大量研究，提出了 6 种理论，简介于下。

(1)细胞分化理论。细胞内 DNA 含量是恒定的，所以可以测定动物体组织的 DNA 含量来精确估计细胞数目。体重控制是由组织本身通过控制细胞数目和总 DNA 量实现的，DNA 的数量是控制动物体重的主要因素。生长早期是细胞数目的增加，后来是细胞体积的增大。如果营养受限没改变细胞数量或 DNA 数量，因此在营养恢复正常后，动物能达到或接近正常体重。如果在细胞增殖期发生营养受限，限制了细胞增殖，则 DNA 数量发生改变；如果恢复正常营养的时间在细胞增殖期后，动物不能通过细胞数目的增殖来生长，只能靠细胞增大来生长，那么就无法通过补偿生长达到正常体重。就是说，细胞数量减少将导致永久性生长迟缓，而细胞体积减少可通过恢复正常营养供给而达到正常水平。

Zubair(1994)研究成年大鼠，营养受限没改变 DNA 数量，因此在营养恢复正常后，能达到正常体重。

(2)中枢神经控制理论。动物中枢神经系统中存在控制不同日龄体重的标准。生长激素分泌及调节的许多环节受日粮营养水平调节。营养受限后恢复正常营养水平时，生长激素(growth hormone,GH) 释放增高，使动物短时间达到与其日龄相适宜的体重。

(3)消化道代偿理论。动物消化道在营养物质消化吸收中发挥重要作用，消化道不仅为动物提供其所需的营养素，而且其自身也要消耗大量营养素。在动物发育早期，用于消化系统发育的营养素显著高于体组织。保罗研究表明，限饲可降低十二指肠、结肠和回肠的相对重量，所以营养限制会影响消化道的生长发育。消化道中消化酶的分泌也受日粮因素的影响较大，营养限制条件下消化酶的分泌量降低是生长的限制因素，在营养受限时，消化道会发挥代偿作用，提高动物对有限的营养素的利用效率。营养限制去除后的初期，体重增加的主要原因是消化道内容物的增加，而不是空体重的增加。提高采食量和营养物质消化利用率是动物在营养限制去除后获得补偿生长的主要机制。

(4)免疫调节理论。动物机体免疫机制被激活后，使部分营养用于免疫反应和抵抗疾病而不用于生长，从而降低动物生长性能。

由营养受限导致的激素水平变化改善动物免疫机能，在营养恢复后，动物表现出更好的健康状况和生长性能。

(5)推拉平衡理论。机体生长取决于拉动力和推动力的互作，是二者平衡的结果。在动物生长中的拉动力包括动物的遗传潜力(即动物沉积蛋白质和体脂肪的潜力)、免疫反应、应激反应及活动量，而推动力是指日粮的营养供给状况。营养受限时动物生长的推动力不足，在营养恢复正常后，巨大的拉动力会结合充足的推动力使动物生长在最短时间内达到其遗传潜力的生长性能。

(6)代谢程序化理论。近年来的人的流行病学调查以及对一些医用实验动物的研究表明，动物生长早期是一个关键时期，早期关键时期机体营养限制会使机体从生化、神经内分泌、细胞、分子等水平发生适应性变化，引起生理、代谢、关键组织器官的永久性改变，并且对机体代谢产生程序化的影响，即使应激因素消除后其影响依然持续存在，持续到成年期，使机体成年时期的代谢功能发生改变。代谢程序化理论在解释营养限制诱发补偿生长这一现象时，似乎具有更强的系统性和科学性，这一理论的提出必将诱发动物以及人的营养学的革命。

总之，生命是一个充满物质性、变化性而又不乏稳定性的能够自我维持和自我调节的系统，动物的生长发育、健康的维持是遗传与营养、环境等因素共同的结果，动物营养限制下的补偿生长机制就显得相当复杂。对于补偿生长机制的研究，今后应当从不同角度获取更多的资料，加以总结分析，以期得出更加完善的结论。

4.4　不同因素对补偿生长的影响

动物补偿生长效应受到遗传与环境两方面的综合影响。遗传方面包括受限时动物的生长发育阶段、性别及动物品种、营养恢复期动物的采食量等，环境方面包括营养受限的严重程度和持续时间、营养恢复的条件、营养恢复时的日粮组成等。

(1)营养受限时动物的生长发育阶段或成熟程度。不同生长发育阶段营养受限将影响补偿生长效果,总的研究结果是,动物生长受阻发生的时间越早,补偿生长效果越差。对于猪,营养受限的时间过早导致的体重损失将无法通过补偿生长而恢复。牛 6 月龄前限饲,随后表现出有限的补偿生长,而 6 月龄后限饲,则补偿生长的强度与限饲强度成正比。这些结果似乎表明补偿生长有一个年龄栅栏(an age threshold),来自其他物种的观测数据也支持这个想法。

研究表明,为得到完全补偿,肉鸡应在 6 日龄时开始限饲,在生长发育后期限饲(5～8 周龄),肉鸡由于没有足够时间用于恢复,所以不能完全补偿其在营养受限时的体重损失。

(2)营养受阻时的体脂肪存量。体脂肪存贮较多,发育较好的个体能够经受较严厉的营养不良。营养恢复后的补偿生长强度则依赖于体脂肪贮存剩余量和其他组织(例如肌肉组织)被打乱的程度。

(3)动物品种及性别。同一物种内不同品种间是否存在不同的补偿生长效应?目前的报道资料不足以得出结论。对肉鸡的研究发现,公鸡比母鸡的补偿生长能力强,这可能与公鸡具有较快生长速度和较低的脂肪沉积率有关。不同生长速度的品系对营养受限后的补偿生长情况不同,快速生长品系的补偿生长不如生长速度较慢的品系,有报道,快速生长品系的肉鸡几乎没有表现出补偿生长效应。但是 Kyriazakis 等(1991)没有在商品猪上发现这种结果。可以想象,在性成熟的母猪,激素有规律地周期性分泌,相关的行为会影响到生长模式。

(4)营养恢复期动物的采食量。据报道,在营养恢复前期(21～35 日龄)肉鸡的采食量略低于正常营养的对照组,而在 35～49 日龄其采食量与正常营养的对照组无显著差异。这表明肉鸡的补偿生长是由于对营养素利用率的提高。在营养恢复期肉鸡的单位增重所消耗的饲料量明显低于正常营养的对照组。猪和肉牛在营养恢复期内的采食量比正常营养的对照组高,同时饲料利用率也有所改善。猪发生补偿生长的主要原因是单位体重的饲料采食量增加,虽然饲料效率和维持需要也发生了变化。

(5)营养受限的严重程度和持续时间。营养受限时,动物通常首先维持其能量需要。在营养受限阶段,动物体重表现 3 种变化:体重降低、体重不变和体重略有增加。比较自由采食 70%、85%限饲猪和正常自由采食猪的生长性能,限饲时间为 4 周,发现 85%限饲猪的生长性能最好。由于仔猪在断奶前后受到诸多应激因素影响,体内酶系统正在成熟过程中,因此对猪似乎是在 20 kg 体重后,限饲持续时间为 3～4 周表现较好的补偿生长。肉牛则可在较大营养受限范围内得到补偿生长效应。对于家禽,肉鸡限饲时间最好从 6 日龄起,限饲 1～2 周,在 42～56 日龄其体重可得到完全补偿;蛋鸡限饲时间从 13 周开始,限饲 4～5 周,可提高蛋鸡的均匀度;肉鸭对前期营养受限的补偿能力比肉鸡强。

(6)营养恢复的时间和日粮组成。营养恢复的时间和日粮组成严重影响补偿生长效应。有人认为肉鸡的补偿生长应为 8 周或更长的时间。也有研究表明,在更短时间内,肉鸡就可完成补偿生长。对猪的研究发现,在营养恢复的第 1 周,猪的生长速度比正常营养对照组快 1.47 倍;在营养恢复的第 2 周,猪的生长速度比正常营养组快 1.05 倍;猪的补偿生长平均可以持续 80 d。肉牛的补偿生长可从 70 日龄开始,直到 350～600 kg 体重范围,持续时间为 11 个月。

营养恢复期间的日粮组成对于补偿生长效应具有重要作用。研究发现,在肉鸡营养恢复的最初两周内对必需氨基酸的需要量较高。在 28～49 日龄的肉鸡日粮中添加赖氨酸可提高生长速度,提高瘦肉率。在营养恢复期,日粮蛋白质水平是限制性因素。许多针对补偿生长的研究结果不一致，可能是由于在营养恢复期日粮营养水平不同。在营养受限期间的受限程度越严重，动物对营养恢复期的日粮营养水平要求越高。在营养受限期和营养恢复期的日粮组成和营养水平对动物的胴体组成有较大影响。应避免在营养恢复期给予太高的能量，以免导致胴体脂肪的过多沉积。

猪体最有价值的部分是肌肉。猪的肌肉发育可以分为两个部分，一是肌肉细胞数的增多，二是肌细胞的增大。猪的肌细胞数在胚胎期35～90胚龄就确定了，此后的肌肉生长就是肌细胞的增大。所以怀孕母猪这个时期的饲料营养十分重要。如果这个时期遭遇严重的营养不良，就会使肌细胞数不足，严重影响生后的生产性能。或者说，生后的营养再充足，肌肉组织也不会出现细胞数的增加，所以应该是只有细胞体积的增大，表现出有限的补偿生长。

4.5 猪补偿生长的经济价值

动物生长性状的遗传力一般在25%～30%，说明动物生长主要受环境控制；不过有的生长性状受主基因控制。

在1990年美国畜牧学会会议上，佐治亚大学研究报道指出，断奶后生长受阻现象对上市前的生产性能表现出持续影响，实质上推迟了上市日龄。明尼苏达大学的试验(Stair et al,1991)似乎表明猪没有生长补偿作用。仔猪在采食添加脱脂奶粉日粮后所得到的增重在后期不仅不会损失，而且还能提高生长肥育期的生产性能。因此，阶段饲喂方式所取得的经济效益不仅包括开食期生产性能的改善，而且还应包括后续至上市阶段生产性能的提高。英国研究表明，促使仔猪一开始就加速生长，可以使生长育肥猪一直到屠宰都保持良好的生长势头，而不增加背膘厚度。不但在欧洲，而且在美国和澳大利亚的试验证据都同时反对补偿性生长；生长缓慢的仔猪其体重不会在以后赶上同群的其他猪，在断奶最初几周内增重缓慢，就意味着这些猪以后整个生长育肥期内都不会充分生长，要延长 10～20 d 才能达到可上市的体重！

很难想象，在生长曲线的某个点或者某些点上生长迟缓的个体，会比连续得到良好营养的个体更有效。可以理解的是，生长受阻的个体比正常生长的个体需要的维持需要量少，但是总的看，营养正常的个体上市早，总的维持需要量小，而生长受阻的个体在恢复期过后其生长速度较快，但是追不上同群猪，要达到遗传潜力应该达到的体重或器官重是需要一段时间的，虽然在生长受阻后的补偿生长期间它们有较好的饲料效率。

然而，那么多报道，确实表明营养受限的生长猪在恢复营养供给后表现出补偿生长。应该怎么看待这些矛盾的结果呢？到底在猪，有没有补偿生长？问题的关键可能在于猪补偿生长的期限。上一节已经提到猪的补偿生长平均可以持续 80 d，就是说，80 d 后就没有补偿生长了。所以总的说，从猪的一时看，也许存在补偿生长效应；而从猪的整个生产期看，可能并没有补偿生长效应。只有一时的补偿生长超过了营养受限时导致的生长受阻的结果，而且生长受阻没有导致猪体的永久性损害，例如没有影响猪体的细胞总数，才可以总的看其一生时表现出有补偿生长。

上述结果和分析可以用图 4-4 表示。

图 4-4 中四个假设的动物处于不同程度的营养受限：动物 1 失活重，动物 2 保持体重恒定，动物 3 活重增加但生长速度低于动物 4。四个动物个体的起点相同，都在 S，终点 F 是根据实践或实验考虑的预计体重，介于生长曲线位置的 0.50 左右。假定 4 个动物都处于生长曲线最陡的阶段。图中假定，动物 3 没有遭遇营养受限，在时间 T_1 平稳到达生长曲线位置 F。动物 1、2 在时间 Tc 开始自由采食正常饲料之前，它们损失的体重可能是不同的组织，例如动物 2 损失的可能是肠道周围和肾脏周围的脂肪组织，而

动物 1 可能还涉及一些实体组织。所以在营养恢复正常之后，虽然动物 1 的补偿生长速度最大，但是他的体重始终没有追上 3，达到预期体重的时间仍然最晚（T_4）。

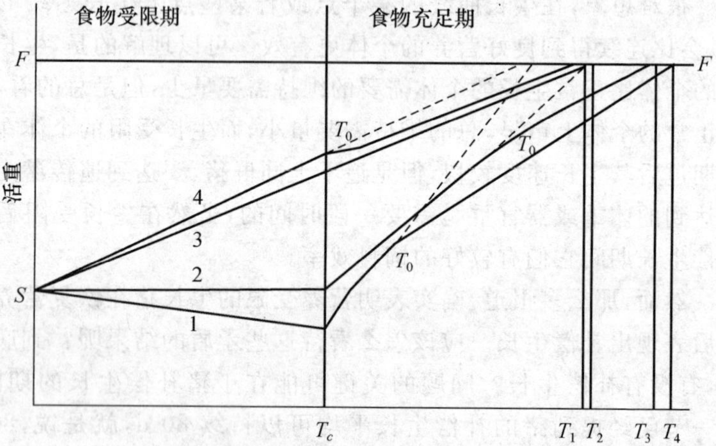

图 4-4 生长受阻与补偿生长

总结已经发表的研究结果，好像可以得出如下几条结论：

(1)在不损伤生长基础的前提下，营养不足或短期疾病导致的生长阻止过后，情况回复正常时，有补偿生长，效果应该是明显的，可以检测到。

(2)补偿生长是短期的，一过性的。

(3)生命早期生长阻止，无论是否严重，都会严重影响肥育猪上市日龄，也就是说，补偿生长不足以追上没有受阻的同群猪，不能补偿生长受阻的恶果。图 4-4 很清楚地表明了上述思想。

在生产上，补偿生长能否带来经济效益？具体分析方法可用投入一产出法，下面介绍 Wellock.I.(2013)报道的方法。要比较 2 个教槽料供给方案，每个方案的参试猪为 6 个栏，在试验阶段 1 和 2(教槽料 1 和 2)饲料供给量略有差别，在试验阶段 3，两试验组的日粮供给量完全相同，直到断奶后 22 d 转出保育猪舍，见表 4-2。

表 4-2 教槽料方案对断奶后 22 d 性能的影响

项目	方案 1	方案 2
* 日粮 1,kg/头	1.01	1.47
* 日粮 2,kg/头	5.06	5.44
* 日粮 3,kg/头	1.30	1.30
断奶体重,kg	7.62	7.46
断奶后 22 天体重,kg	13.27	14.18
保育期增重,kg	5.65	6.72
平均日增重 ADG,g/d	257	305
饲料采食量 ADFI,g/d	335	373
饲料效率 FCR	1.30	1.22
每吨日粮成本 1/2/3,£	810/620/350	850/650/350
每头猪饲料成本,£/头	4.41	5.24
每千克增重成本,£	0.78	0.78
① 利润,£/头	6.78	8.06
② MOF,£/头	2.37	2.82

注：* 日粮 1 和 2 在两个组的供给量不同，而日粮 3 的供给量相同，直到断奶后 22 d 保育期结束。①计算每头猪的利润时，每千克体重的价格是 1.2£。②MOF：饲料边际效益(Margin Over Feed)＝每头猪的利润－饲料成本。

开始时方案 1 的日粮 1 和 2 的每吨成本分别低£40（$60）和£30（$45）；根据饲料供给量计算出每头猪节约£0.94（$1.41）。但是，方案 2 每头猪多增重＋0.91 kg，饲料增重比(FCR)下降 0.08，看来方案 1 未必有利。

在方案 2，日粮 1 和 2 每吨饲喂 154 头仔猪，每头猪的饲料边际效益(MOF)增加£0.45($0.68),每吨教槽料的 MOF 增加£69.30($103.80)。如不考虑产出,方案 2 的投入高£69.30($103.80)。

再者,方案 2 的猪可望增加出栏体重 3 kg 左右或提前 3 d 出栏,这又是一笔经济效益。

5 动物生长模型

建立数学模型以表达一个系统中各种变量间的空间位置或数量关系，有三个基本问题：一是如何把实际问题转化为最能表达各变量实际关系的数学模型，注意验证模型假设；二是如何估计模型中的未知参数；三是如何根据观测数据对已建立的模型做些判断，例如某些参数是否相等，某些关系是否成立等。

建好模型后，要从两方面对模型好坏进行评价。第一是对模型的拟合度进行评价，看看由模型拟合的数据是否接近实际观测的样本数据，拟合数据与样本数据之间的差是否呈随机分布；第二是评价模型在用于预测更广范围的数据时，其可靠性如何。

建立数学模型的过程主要有三步，即模型选取、参数估计和模型验证。在动物科学研究中常采用的试验模拟模型建立的过程常可以表示为：

获取观测数据→建立数学模型→发明数学工具或沿用已有方法解决模型中的问题→验证所得结果→总结出普遍规律。

动物生长模型有很多形式，第 2 部分介绍的只是一部分。它们都可以用来模拟动物生长曲线，也就是“S”状曲线。实践中，在得到一组观测数据之后，可以配合多个数学模型，然后根据不同模型的准确性、精确性和可靠性等标准，从中选择一个最佳模型，这个最佳模型常常是可操作模型。

5.1 动物生长模型的建立

动物生长发育过程是有规律的。为了揭示这一规律，人们用机理分析法建立了不同的动物生长模型，常见的有 Logistic 模型(P.F.Verhulst，1838)，Gompertz(1825)模型等。模拟动物生长过程的意义在于揭示动物生长发育的规律，探索生命奥秘；生产上实现营养的动态配给，提高生产潜力和经济效益，推进畜牧业现代化、集约化，为畜牧生产自动化、计算机管理奠定理论基础。

描述家畜生长的数学模型称时态生长模型。对于给定基因型的特定家畜，这里以某个品种的猪为例来阐述，体重 y_t 随日龄(时间 t)和饲养管理(可理解为营养水平 z)而变化，可以表示为：

$$y_t = g(z, t)$$

那么体重 y_t 关于日龄 t 的图像就表示这个猪品种的生长曲线。大量观察表明，家畜体重的生长曲线，包括猪的生长曲线，是 S 状，如图 5-1 中的累积生长曲线所示。叫做累积生长曲线是因为，家畜任一时刻的体重，都是此前生长的累积结果。

如果，在某一时刻，猪的生长速度(growth rate，GR)用体重对日龄的微分表示，记为 $GR = \partial y_t / \partial t = \partial g(z, t) / \partial t$，在时刻 t 的生长速度还与此时的体重有关，为此需要引入相对生长速度(relative growth rate，RGR)的概念，暂记为：

$$RGR = \partial y_t / \partial t / y_t = r = r(z)$$

可以把这里 $r = r(z)$ 理解为特定基因型猪的营养水平的函数。

很明显，相对生长速度就是单位体重的生长速度，也就是生长强度(growth intensity)。在猪生长初期，对于给定基因型的猪，生长强度和生长速度都与营养方案、体重和日龄有关，而不是一个不变的常数，初始生长强度最大，年龄越大，生长强度越小；当猪达到成年最大体重(记为 A)后不再生长，生长强度和生长速度都降为零，猪体维持它的体重不再生长，体重不再随日龄而变化，即 $\partial y_\infty / \partial t = 0$，这时累积生长曲线逐渐接近渐近线：$y_\infty = A$。

上述分析的猪生长发育规律，说明由于遗传(基因型)的影响，使得猪生长强度不会随营养水平的提高而无限变大，而是与其当前体重有关，当前体重越小，生长强度越大，当前体重越大，生长强度越小。所以应该把生长强度的模型修改为：

$$RGR = r - ky_t = \partial y_t / \partial t / y_t$$

整理这个微分方程，求关于日龄 t 的积分就可导出自然生长方程：

$$y_t = \frac{r/k}{1 + \left[\frac{(r/k) - y_0}{y_0}\right] \exp(-rt)}$$

式中，exp 是自然对数的底，y_0 是猪的初始体重（常数）。如果让 $t \to \infty$，上述方程中的 $\exp(-rt) \to 0$，所以有

$$y_\infty = \lim_{t \to \infty} y_t = r/k$$

可见，模型中的 r/k 就是一定遗传型的猪的最大成年体重（常数 A），即 $A = r/k$，所以模型可改写为

$$y_t = \frac{A}{1 + \left(\frac{A - y_0}{y_0}\right) \exp(-rt)}$$

这就是常说的 Logistic 模型，体重 y_t 是日龄 t 的函数。以日龄为横坐标，以体重为纵坐标，绘制出的曲线图就是图 5-1 中的累积生长曲线。

此模型是 20 世纪 20 年代生物学和统计学家 R.Peanl 与 L.J. Reed 重新发现的。累积生长曲线前面部分是凹向上，后面部分是凸向上，中间有个转折点，数学上称为拐点。

习惯上把 r 定义为出生时的相对生长速度(RGR)，事实上它可以是受精卵形成时 ($t = 0$) 合子的相对生长速度，从数学角度看，r 反映体重从“初始”值 W_0 改变为“终值(最大成年体重 A)”的速度，

这在肉用动物有重要意义,因为经济早熟性具有重要经济价值。

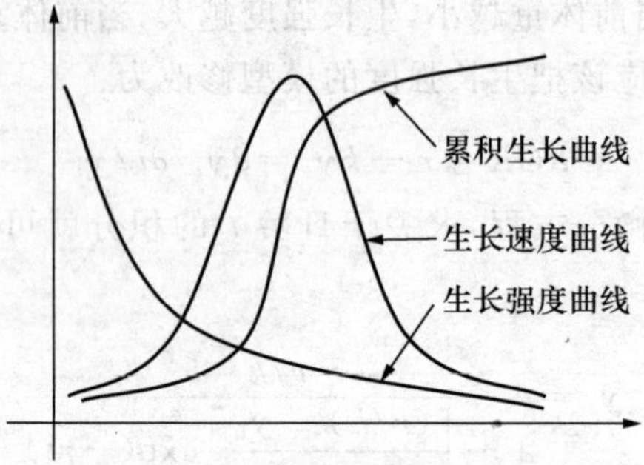

图 5-1　家畜体重的生长规律

一般教科书把 Logistic 模型简写为:

$$y_t = \frac{A}{1 + \beta\exp(-rt)}$$

比较两种表达式,显然应该有:

$$\beta = \frac{A - y_0}{y_0} = \frac{A}{y_0} - 1$$

由此式可清楚参数 β 的生物学意义。

对 Logistic 模型求体重关于日龄的一阶导数,即 $GR = \mathrm{d}y_t/\mathrm{d}t$,这就是实践中的生长速度或日增重的理论形式:

$$GR = \partial y_t/\partial t = A\beta r\exp(-rt)/[1 + \beta\exp(-rt)]^2$$

常用单位时间内的绝对增重表示生长速度,在直角坐标系中,以日龄为横坐标,上式定义的生长速度一般是一条钟形曲线。由此公式还可看出,常数 A 越大,生长速度 GR 越大,就是说,大型猪(成年体重 A 大)长得快。一般杂种商品猪在 75～80 kg 左右生长速度最大,少数在 90 kg 以后。

对 Logistic 模型求体重 y_t 关于日龄 t 的二阶导数,可用微分

方程记为 $L=\partial GR/\partial t=\partial y_t/\partial t\partial t$，这就是理论上的生长强度，或相对生长速度，也就是生长速度的变化率：

$$L=\partial y_t/\partial t^2=A\beta r\exp(-rt)$$
$$[\beta r\exp(-rt)-r]/[1+\beta\exp(-rt)]^3$$

在直角坐标系中，以日龄为横坐标，此式定义的生长强度一般是一条"L"状的曲线(图 5-1)。此式表达的生物学意义是，仔猪的生长强度大于成年猪，例如 5～10 kg 的仔猪每日可在自身体重基础上增重 7.5%。

当 $L=\partial y_t/\partial t^2=0$ 时，$t=(\ln\beta)/r$，这时 $y_t=A/2$。说明 y_t 随动物日龄增加而增大，曲线拐点是 $t=(\ln\beta)/r$；也就是说，当动物日龄在区间【$0,t=(\ln\beta)/r$】时，曲线是凹向上，当动物日龄在区间【$t=(\ln\beta)/r,\infty$】时，曲线是凸向上，所以动物体重不会无限长大。需要注意的是曲线的拐点在 $y_t=A/2$，恰好是成年体重的一半。根据数学原理可知，当二阶导数为零时一阶导数取最大值，这就是说，当 $y_t=A/2$ 时动物的生长速度最大。另外，当体重为 w 时，日增重为 $rw/2$，所以最大日增重为 $Ar/2$，由此也可看出，最大日增重与最大成年体重 A 和生长强度 r 成正比。杂种商品猪生长曲线的拐点一般在成年体重的 40%左右出现。

有的教科书上说，当二阶导数为零时动物性成熟，我们研究的结果，这一点，至少在猪、肉鸡上是不成立的。

其他模型也有类似规律，见表 5-1。

表 5-1 几种非线性生长模型的表达式及参数

数学模型	表达式	拐点体重	拐点年龄	增重速度
Logistic	$y=\alpha/[1+\beta\exp(-\gamma t)]$	$\alpha/2$	$(\ln\beta)/\gamma$	$w\gamma/2$
Gompertz	$y=\alpha\exp[-\beta\exp(-\gamma t)]$	α/e	$(\ln\beta)/\gamma$	$w\gamma$
Von Bertalanffy	$y=\alpha[1-\beta\exp(-\gamma t)]^3$	$8\alpha/27$	$(\ln 3\beta)/\gamma$	$3w\gamma/2$

5.2 用线性转换法估计 Logistic 模型参数

估计 Logistic 模型参数的方法有几种,常见的是转化为线性模型处理,称为“线性转换法”。具体做法是先对分化生长模型移项变为 $\frac{A-y_t}{y_t}=\exp(\beta-\gamma t)$,两边取对数得到 $\ln\left(\frac{A-y_t}{y_t}\right)=\beta-\gamma t$,再加上误差项,得到

$$y=\beta-\gamma t+e, y=\ln\left(\frac{A-y_t}{y_t}\right), e\sim N(0,\sigma_e^2)$$

这就把 Logistic 模型转换为线性模型了,在模型参数 A 已知时,就可以按照线性回归方法估计出模型参数 β 和 γ。实践中模型参数 A 有时候是不能观测到的,例如生态学上的群体总规模大小。一般生物统计学教科书介绍的方法是先按照“三点法”估计出这个模型参数 A。具体方法简介如下:

取 3 个等间距时间点(日龄)t_1、t_2 和 t_3,建立如下方程组

$$\begin{cases}\frac{A-y_1}{y_1}=\exp(\beta-\gamma t_1)\\ \frac{A-y_2}{y_2}=\exp(\beta-\gamma t_2)\\ \frac{A-y_3}{y_3}=\exp(\beta-\gamma t_3)\end{cases}$$

就可以消去方程组中的 β 和 γ,解出 A:

$$A=\frac{y_2^2(y_1+y_3)-2y_1y_2y_3}{y_1^1-y_1y_3}$$

实践中,分析体重或体尺生长模型及其参数估计的报道很多,

对于家禽，多数报道比较了 Logistic 模型、Gompertz 模型、Richards 模型、MMF 模型和 Weibull 模型对于家禽生长曲线的配合效果，多数结果好像是，Gompertz 模型的配合精度高于 Logistic 模型。其实，根据动物生长曲线建立动物生长模型，Logistic 模型是有合理解释的，或者说，按照实际生长规律建模，得到的是 Logistic 模型，就是说，Logistic 模型是一个机理分析模型，所以这个模型的结果应该是最精确的。

理论与实践之间的这个差距是怎样产生的？我们分析发现，凡是报道 Logistic 模型不如 Gompertz 模型的，都是只观测了生长发育的前几周，没有观测到整个生命周期。或者说，最大生长量数据都是估计的而不是实测的，即使有实测的也是在分析中没有使用。这是否是主要原因？尚待进一步研究。

一般生物统计教科书在为 Logistic 模型配合家畜生长曲线时，总是提到直线转换法，如莫惠栋(1984)和俞渭江(1995)等。这种方法的第一步，就是用三点法估计最大生长量 A，这在生态学或经济预测中可能是必需的，因为我们不能实测最大生长量 A。然而在配合家畜生长曲线时却可以实测这个模型参数 A，即以成年体重直接表示这个参数。这样配合的生长模型至少参数 A 在理论上是准确的。根据观测到的最大成年体重 A 和初始体重 y_0，以实测的体重平均数为相应的两个估计值，则可以按照 $\beta=(A-y_0)/y_0$ 估计出与拐点有关的这个参数，这样，三参数模型 $y_t=\dfrac{A}{1+\beta\exp(-rt)}$ 就只有一个待估参数 γ 了。我们用四个鸡群的实测数据对这种参数估计方法做了验证，结果表明，我们的方法效果较好。

【**例 2**】 表 5-2 是 M. Grossman 等(1985)报道的洛岛红(RIR)和白来航(WL)公鸡和母鸡的生长数据。

拟配模型为 $y_t=A/[1+\beta\exp(-kt)]$，式中各个参数的意义同前。

表 5-2 洛岛红和白来航公母鸡各周龄(t)体重平均数(g)

周龄	RIR		WL		周龄	RIR		WL	
	225♂	281♀	164♂	239♀		225♂	281♀	164♂	239♀
0	38.8	38.7	37.9	38.1	16	1 951.5	1 434.5	1 309.5	1 002.7
1	60.6	60.0	54.8	56.0	17	2 081.8	1 519.3	1 396.8	1 044.9
2	99.7	96.1	85.6	86.5	18	2 249.8	1 608.1	1 526.8	1 112.3
3	159.0	146.5	126.8	125.0	19	2 384.2	1 678.0	1 634.2	1 164.9
4	227.0	207.0	171.5	164.5	20	2 475.7	1 720.6	1 704.3	1 193.6
5	307.6	274.3	226.5	211.8	21	2 602.0	1 772.8	1 784.9	1 220.4
6	406.8	360.7	301.0	269.3	22	2 733.0	1 846.8	1 861.0	1 259.3
7	499.4	445.8	371.8	333.9	23	2 831.9	1 935.1	1 916.5	1 297.8
8	638.2	555.8	476.0	411.4	24	2 921.5	2 022.8	1 947.1	1 332.7
9	788.0	667.6	577.0	501.5	25	2 993.7	2 113.0	1 976.8	1 380.8
10	926.5	779.0	666.6	575.7	26	3 049.1	2 162.8	1 994.0	1 435.3
11	1 027.8	829.0	717.7	596.9	27	3 080.6	2 203.5	2 013.8	1 499.2
12	1 193.8	954.2	836.7	686.6	28	3 051.7	2 197.3	2 025.9	1 563.8
13	1 394.5	1 096.4	960.1	785.2	29	3 084.7	2 207.1	2 049.4	1 606.5
14	1 593.6	1 222.2	1 078.5	856.7	30	3 129.2	2 216.4	2 076.2	1 640.8
15	1 780.8	1 327.3	1 194.7	936.1	31	3 150.4	2 231.3	2 091.2	1 652.2

续表5-2

周龄	RIR		WL	
	225♂	281♀	164♂	239♀
32	3 166.7	2 229.8	2 100.4	1 657.0
33	3 179.3	2 237.9	2 117.8	1 671.9
34	3 192.0	2 261.1	2 116.0	1 688.1
35	3 185.5	2 255.9	2 117.3	1 691.3
36	3 188.4	2 270.2	2 128.7	1 711.9
37	3 175.8	2 280.0	2 129.2	1 724.1
38	3 161.4	2 286.3	2 126.6	1 726.8
39	3 158.3	2 276.6	2 121.3	1 724.2
40	3 149.4	2 286.2	2 117.1	1 731.0
41	3 133.3	2 266.2	2 112.3	1 719.6
42	3 131.7	2 274.2	2 112.0	1 727.3
43	3 139.7	2 316.3	2 117.3	1 740.4
44	3 136.6	2 310.7	2 113.6	1 723.0
45	3 118.3	2 320.0	2 116.2	1 713.0

引自:Grossman M,1985。

用王继华等(2010)的方法估计生长模型参数,并且与经典的线性转换法比较。我们直接用观测的最大体重(成年体重)W 作为 A 的估计值,把各实测数据进行如下转换:

$$y'_t=\ln[(W-y_t)/y_t]$$

计算:$r=\dfrac{\sum ty'_t-\frac{1}{n}(\sum t)(\sum y'_t)}{\sqrt{\left[\sum t^2-\frac{1}{n}(\sum t)^2\right]\left[\sum y'^2_t-\frac{1}{n}(\sum y'_t)^2\right]}}$

用 t 测验法检验 r 是否显著。若显著,则按下式估计 β 和 k(加帽子 ^ 表示估计值):

$$\hat{k}=-\left[\sum ty'_t-\frac{1}{n}(\sum t)(\sum y'_t)\right]/\left[\sum t^2-\frac{1}{n}(\sum t)^2\right]$$

$$\hat{\beta}=\exp(\overline{y}'_t+\hat{k}\overline{t})$$

式中加杠"—"表示平均数。

用这种方法建立的生长模型性能如何?可以分析用所建模型估计的各周龄体重 $\hat{y}_t$ 与实测体重 y_t 的偏差的平方和 $\sum(\hat{y}_t-y_t)^2$ 或分析模型的误差方差

$$\hat{\sigma}^2=\sum(y_t-\hat{y}_t)^2/(n-3)$$

误差方差越小越好。

我们分别用本文的方法和俞渭江(1995)、莫惠栋(1984)介绍的方法为表 5-2 中四群鸡分别建生长模型,并比较用不同方法所建模型的误差方差。

用不同方法分别为四群鸡配合 Logistic 模型,估计的模型参数列于表 5-3。经统计检验表明模型与数据的符合程度都极高且极显著($P<0.01$)。

表 5-3 各鸡群用不同方法估计的模型参数

参数	估计方法	RIR		WL	
		♂	♀	♂	♀
$\hat{A}$	本文法	3 192.0	2 320.0	2 129.2	1 740.4
	三点法	3 203.4	2 313.2	2 134.8	1 734.2
$\hat{k}$	本文法	0.260 5	0.191 2	0.257 7	0.193 6
	三点法	0.196 8	0.191 2	0.207 7	0.205 5
	最小平方法*	0.274 1	0.246 5	0.259 2	0.207 4
$\hat{a}$	本文法	42.95	18.02	37 066	21.01
	三点法	18.80	17.86	19.88	24.01
$\hat{\sigma}^2$	本文法	5 683.4	7 753.6	2 340.5	5 352.2
	三点法	16 389.7	7 086.0	2 935.0	6 326.8

注：* 用四种非线性回归法估计的平均结果(M.Grossman et al,1985)。

结果表明，用本文法配合 Logistic 模型的误差方差 $\hat{\sigma}^2$ 一般小于三点法，只有 RIR♀的 $\hat{\sigma}^2$ 稍大于三点法。M.Grossman 等用加权和未加权的非线性回归法(有约束和无约束分别估计)估计了生长率常数 k，四个方法的平均结果列于表 5-3 中。若以 M.Grossman等(1985)非线性回归法估计的这些生长常数 k_i 为理论值，则用三点法估计的四群鸡生长率常数 $\hat{k}_i$ 的误差平方和 $\sum_{i=1}^{4}(\hat{k}_i - k_i)^2 = 0.011\,6$ 远大于本文法的 0.003 4。

用不同方法配合各群鸡的生长曲线见图 5-2。

图中实线为本文法配合的曲线，虚线为三点法配合的曲线，点是实测值。可以明显看出，本文方法似乎优于经典的三点法。用本文方法配合的生长曲线不仅最大体重与实测的完全相符，而且初始体重也与实测结果很相近，整个曲线(实线)与实测结果相符的程度远高于三点法的生长曲线(虚线)。

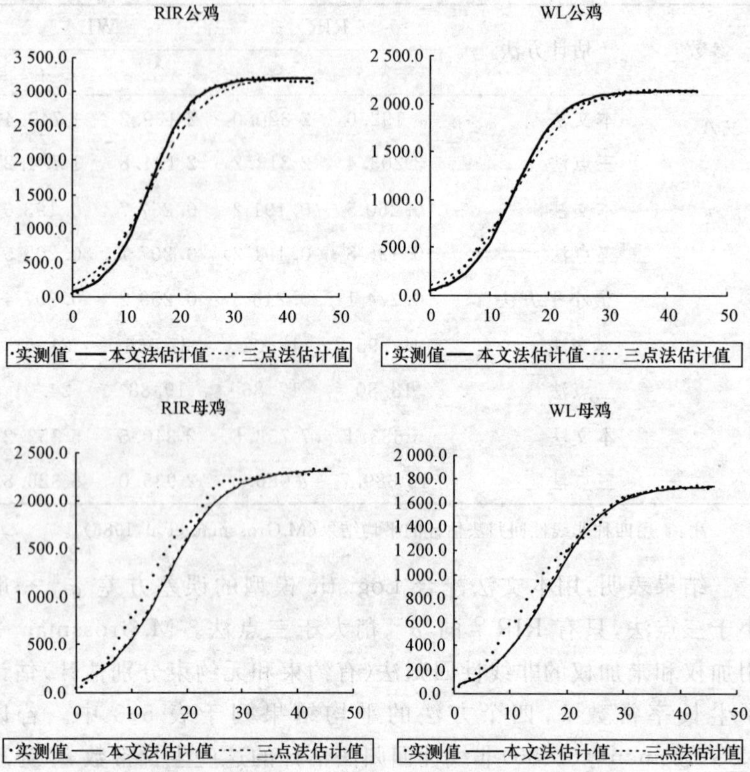

图 5-2　用不同方法为各群鸡配合的生长曲线

对于 Gompertz 模型,也可以采用线性转换法估计模型参数,这里不再赘述。

5.3　用最小平方法估计 Logistic 模型参数

(1)模型残差。线性转换法把 Logistic 模型转换为线性模型,

关于模型残差的假定实际上是

$$y=\frac{A}{1+\exp(\beta-rt+e)}$$

此式还可以写为

$$y=\frac{A}{1+\exp(\beta-rt)\times\exp e}$$

这显然是个“乘法误差”的假定，也就是假定了模型残差 e 与观测数据 y 为非线性关系。可以看出，线性转换法关于模型残差的假定是模型参数的误差，而不是观测值的误差。

一般估计模型参数的方法是，直接假定模型残差 e 与观测数据 y 为线性关系，也就是 $e=y-\hat{y}$。这个假定的实质是：

$$y=\frac{A}{1+\beta\exp(-rt)}+e,e\sim N(0,\sigma_e^2)$$

这其实就是假定模型有一个可加的误差项，与上述的乘法误差项的假定有本质的区别。乘法误差是模型参数的误差，而加法误差是观测值的误差，不仅数量大小相差甚远，而且度量单位也不具可比性。所以，如果仅仅以误差的平方和 $\sum e^2$ 来衡量两个模型配合实际数据的好坏，将会产生严重的错误。

为了比较两种假定对模型配合的优劣，可以采取最小二乘法估计模型参数，用高斯-牛顿迭代法求解，同时使两个模型的估计误差的平方和 $\sum(y-\hat{y})^2$ 极小化。

哪个模型对实际数据的配合效果较好？是指在线性模型中常说的，模型参数估计的无偏性，服从正态分布且参数估计误差的方差最小等。对于非线性模型，参数的最小平方(LS)估计仅仅渐近地具有这种性质。哪个模型逼近得越好，也就是 $\sum(y-\hat{y})^2$ 越小，就应该取哪个模型。

(2)用最小平方法估计模型参数。为了使误差平方和最小，可以考虑用求极值的方法确定模型参数。对于一组给定的数据，要使 $E=\sum e^2=\sum (y-\hat{y})^2$ 最小化，就需要使下列方程组成立：

$$\begin{cases}\dfrac{\partial E}{\partial A}=0\\[2ex]\dfrac{\partial E}{\partial \beta}=0\\[2ex]\dfrac{\partial E}{\partial \alpha}=0\end{cases}$$

这里

$$\frac{\partial E}{\partial A}=2\sum\left[y-\frac{A}{1+\beta\exp(-\gamma t)}\right]\left[\frac{-1}{1+\beta\exp(-\gamma t)}\right]$$

$$=-2\left\{\sum\frac{y}{1+\beta\exp(-\gamma t)}-A\sum\frac{-1}{[1+\beta\exp(-\gamma t)]^2}\right\}$$

$$=0$$

由此解出
$$A=\frac{\sum\dfrac{y}{1+\beta\exp(-\gamma t)}}{\sum\dfrac{-1}{[1+\beta\exp(-\gamma t)]^2}}$$

事实上，在现代家畜，我们完全可以直接测定生长极限值 A，无须估计，所以就不需要按照上式解出这个极限值。

$$\frac{\partial E}{\partial \beta}=2\sum\left\{y-\frac{A}{1+\beta\exp(-\gamma t)}\right\}\left\{\frac{A\beta\exp(-\gamma t)}{[1+\beta\exp(-\gamma t)]^2}\right\}$$

$$=2A\left\{\sum\frac{y\beta\exp(-\gamma t)}{[1+\beta\exp(-\gamma t)]^2}-A\sum\frac{\beta\exp(-\gamma t)}{[1+\beta\exp(-\gamma t)]^3}\right\}$$

$$=0$$

这里待估参数 β 是个隐函数，所以要得到它的估计值就需要迭代求解。可以使用二阶牛顿-拉夫孙法（the second-order Newton-Raphson method），需要 2 阶导数的值。二阶牛顿迭代法需要使用截断的泰勒级数（a truncated Taylor series），就是

$$\begin{aligned}\left(\frac{\partial E}{\partial \beta}\right)_{\beta+\Delta\beta,\gamma+\Delta\gamma} &= \left(\frac{\partial E}{\partial \beta}\right)_{\beta,\gamma} + \left(\frac{\partial^2 E}{\partial \beta^2}\right)_{\beta,\gamma} \Delta\beta + \left(\frac{\partial^2 E}{\partial \beta \partial \gamma}\right)_{\beta,\gamma} \Delta\gamma + \cdots \\ &\approx \left(\frac{\partial E}{\partial \beta}\right)_{\beta,\gamma} + \left(\frac{\partial^2 E}{\partial \beta^2}\right)_{\beta,\gamma} \Delta\beta + \left(\frac{\partial^2 E}{\partial \beta \partial \gamma}\right)_{\beta,\gamma} \Delta\gamma \\ &= 0\end{aligned}$$

$$\begin{aligned}\left(\frac{\partial E}{\partial \gamma}\right)_{\beta+\Delta\beta,\gamma+\Delta\gamma} &= \left(\frac{\partial E}{\partial \gamma}\right)_{\beta,\gamma} + \left(\frac{\partial^2 E}{\partial \beta \partial \gamma}\right)_{\beta,\gamma} \Delta\beta + \left(\frac{\partial^2 E}{\partial \gamma^2}\right)_{\beta,\gamma} \Delta\gamma + \cdots \\ &\approx \left(\frac{\partial E}{\partial \gamma}\right)_{\beta,\gamma} + \left(\frac{\partial^2 E}{\partial \beta \partial \gamma}\right)_{\beta,\gamma} \Delta\beta + \left(\frac{\partial^2 E}{\partial \gamma^2}\right)_{\beta,\gamma} \Delta\gamma \\ &= 0\end{aligned}$$

这两个方程可以简化为联立方程组

$$\left(\frac{\partial^2 E}{\partial \beta^2}\right)_{\beta,\gamma} \Delta\beta + \left(\frac{\partial^2 E}{\partial \beta \partial \gamma}\right)_{\beta,\gamma} \Delta\gamma = -\left(\frac{\partial E}{\partial \beta}\right)_{\beta,\gamma}$$

$$\left(\frac{\partial^2 E}{\partial \beta \partial \gamma}\right)_{\beta,\gamma} \Delta\beta + \left(\frac{\partial^2 E}{\partial \gamma^2}\right)_{\beta,\gamma} \Delta\gamma = -\left(\frac{\partial E}{\partial \gamma}\right)_{\beta,\gamma}$$

或写为如下矩阵形式

$$\begin{bmatrix} H_{\beta\beta} & H_{\beta\gamma} \\ H_{\gamma\beta} & H_{\gamma\gamma} \end{bmatrix} \begin{bmatrix} \Delta\beta \\ \Delta\gamma \end{bmatrix} = \begin{bmatrix} -J_{\beta} \\ -J_{\gamma} \end{bmatrix}$$

这里 Hessian 矩阵[H]的元素是

$$H_{\beta\beta} = \frac{\partial^2 E}{\partial \beta^2}, H_{\beta\gamma} = \frac{\partial^2 E}{\partial \beta \partial \gamma} = \frac{\partial^2 E}{\partial \gamma \partial \beta} = H_{\gamma\beta}, H_{\gamma\gamma} = \frac{\partial^2 E}{\partial \gamma^2}$$

the Jacobian 向量[J]的元素是

$$J_{\beta}=\frac{\partial E}{\partial \beta}, J_{\gamma}=\frac{\partial E}{\partial \gamma}$$

可以用 Cramer 法则解出矩阵方程：

$$\Delta\beta=\frac{D_{\beta}}{D}$$

$$\Delta\gamma=\frac{D_{\gamma}}{D}$$

式中的行列式为

$$D=\begin{vmatrix} H_{\beta\beta} & H_{\beta\gamma} \\ H_{\gamma\beta} & H_{\gamma\gamma} \end{vmatrix}=H_{\beta\beta}H_{\gamma\gamma}-H_{\beta\gamma}^{2}$$

$$D_{\beta}=\begin{vmatrix} -J_{\beta} & H_{\beta\gamma} \\ -J_{\gamma} & H_{\gamma\gamma} \end{vmatrix}=-J_{\beta}H_{\gamma\gamma}+J_{\gamma}H_{\beta\gamma}$$

$$D_{\gamma}=\begin{vmatrix} H_{\beta\beta} & -J_{\beta} \\ H_{\gamma\beta} & -J_{\gamma} \end{vmatrix}=-J_{\gamma}H_{\beta\beta}+J_{\beta}H_{\gamma\beta}$$

牛顿-拉夫孙迭代过程收敛的最小充要条件是 D＞0（正定），在满足这个条件时迭代过程是自我校正（self-correcting）的。

关于 β 的二阶导数为

$$\frac{\partial^{2}E}{\partial\beta^{2}}=2A\left\{\begin{array}{l}\sum\frac{y\beta\exp(-\gamma t)}{[1+\beta\exp(-\gamma t)]^{2}} \\ -2\sum\frac{2y\beta\exp(-2\gamma t)}{[1+\beta\exp(-\gamma t)]^{3}} \\ -A\sum\frac{\beta\exp(-\gamma t)}{[1+\beta\exp(-\gamma t)]^{3}} \\ +3A\sum\frac{2\beta\exp(-2\gamma t)}{[1+\beta\exp(-\gamma t)]^{4}}\end{array}\right\}$$

关于 γ 的偏导数为

$$\frac{\partial E}{\partial \gamma}=2\sum\left\{y-\frac{A}{1+\beta\exp(-\gamma t)}\right\}\left\{\frac{At\beta\exp(-\gamma t)}{[1+\beta\exp(-\gamma t)]^2}\right\}$$

$$=-2\left\{\sum\frac{yt\beta\exp(-\gamma t)}{[1+\beta\exp(-\gamma t)]^2}-A\sum\frac{t\beta\exp(-\gamma t)}{[1+\beta\exp(-\gamma t)]^3}\right\}$$

所以

$$\frac{\partial^2 E}{\partial \gamma^2}=2A\left\{\begin{array}{l}\sum\frac{yt^2\beta\exp(-\gamma t)}{[1+\beta\exp(-\gamma t)]^3}\\-2\sum\frac{2y\beta t^2\exp(-2\gamma t)}{[1+\beta\exp(-\gamma t)]^3}\\-A\sum\frac{t^2\beta\exp(-\gamma t)}{[1+\beta\exp(-\gamma t)]^3}\\+3A\sum\frac{t^2 2\beta\exp(-2\gamma t)}{[1+\beta\exp(-\gamma t)]^4}\end{array}\right\}$$

交叉导数(the cross derivatives)是

$$\frac{\partial^2 E}{\partial\beta\partial\gamma}=\frac{\partial^2 E}{\partial\gamma\partial\beta}=-2A\left\{\begin{array}{l}\sum\frac{yt\beta\exp(-\gamma t)}{[1+\beta\exp(-\gamma t)]^3}\\-2\sum\frac{2\beta t\exp(-2\gamma t)}{[1+\beta\exp(-\gamma t)]^3}\\-A\sum\frac{t\beta\exp(-\gamma t)}{[1+\beta\exp(-\gamma t)]^3}\\+3A\sum\frac{t2\beta\exp(-2\gamma t)}{[1+\beta\exp(-\gamma t)]^4}\end{array}\right\}$$

β 和 γ 的估计值按照下式校正

$$\beta_{(n+1)}=\beta_n+\Delta\beta$$

$$\gamma_{(n+1)}=\gamma_n+\Delta\gamma$$

继续迭代,直到

$$\left|\frac{\Delta\beta}{\beta}\right|\leqslant\varepsilon,\left|\frac{\Delta\gamma}{\gamma}\right|\leqslant\varepsilon$$

这里 ε 是预先制定的一个收敛值，一般取 $10^3<\varepsilon<10^5$。再者，系数矩阵的行列式正定时迭代程序才能收敛。

需要为非线性参数 β 和 γ 设置迭代的初始值，这可以从图形获取，也可以用线性转换法的估计值作为初值。

(3)参数估计的可靠性。可以用 LS 估计的抽样性质来讨论非线性模型的非线性性态。如果非线性模型的参数 LS 估计仅仅略为有偏，其分布接近正态分布，并且方差仅仅少许超过最小方差界，那么，由于估计量的性质接近线性模型的性质，把估计量说成是接近线性性态也是可以接受的。

检查模型拟合优度的标准一般是决定系数(the coeffcient of determination)：

$$R=1-\sum\frac{(y-\hat{y})^2}{(y-\bar{y})^2}$$

式中：y 是观测值，$\hat{y}$ 是估计值，$\bar{y}$是样本平均值。

Cornell and Berger (1987)曾对线性模型和非线性模型的决定系数做过杰出的评论。一次一个学生告诉我，他的 R 值是好的，因为它大于 0.5。可是极端的评论家曾说过，测量非线性模型时 R 是没用的，即使当该值超过 0.99。

决定系数大小只表明模型与观测数据的拟合优度，不表示模型参数估计值的可靠性。检查一个模型参数估计值的可靠性，有一个有用的准则，就是学生氏 t 测验，也可用来评价模型的拟合优度。它定义为：

$$t=\frac{\hat{\theta}}{\sqrt{\mathrm{Var}(\hat{\theta})}}$$

即 t 值是参数估计量与其标准误差的比，而标准误差由估计量的渐近方差的平方根来表示。t 值高的估计量表示对模型的拟合好,反之则为不好。虽然在多参数模型的情形有时候因为模型参数与其他参数有高的相关会引起低的 t 值。t 值可以用自由度为 $n-p$ 的学生氏 t 分布来检验,$n-p$ 就是残差方差估计量 $\hat{\sigma}^2$ 的自由度。

需要指出,低的 t 值常表示参数和模型决定得不够好,意味着这些参数的置信区间可能包含零,但是 t 值高不一定就表示参数估计量就具有所需要的统计性质,例如估计量接近线性等性质,不过 t 值的量级能够成为非线性性态的有用指标。

可以使用上面的迭代法求解【例 2】,并与其他几种方法的估计结果做个比较。计算方法可以使用 SPSS 软件的 logistic 功能,特别方便。软件在给出参数估计值的同时还给出参数估计可靠性检验的结果。

6 猪的发育阶段

家畜的一生可以划分为明显不同的一些阶段，家畜个体作为一个整体，在每个阶段都会表现出不同的特征。发生这些变化的主要原因，是为了适应这个阶段的主要任务，而一个个体的主要任务是为了群体的延续，这就是物种生存的法则。然而，在驯化的过程中，家畜发生了很多改变，很多特征和特性是朝着有利于人类的方向发展，并不一定对家畜有利。最典型的是鸡的抱窝，最近几十年，在强大的人工选择干预下，现代化的鸡群已经完全失去了抱窝能力，离开人工孵化，这个物种就会灭亡。

6.1 概述

哺乳动物发育的研究历来依靠形态学观察和胚胎在子宫内发育的评价。这种艰苦的工作使我们能细致地描述胚胎发育过程中发生的事件和结构变化。由于发育的复杂性和缺乏适当方法，猪的发育遗传学(the developmental genetics of the pig)一直到分子生物学技术和基因表达分析技术有了巨大发展，才使我们获得了大量关于哺乳动物的发育遗传学数据。大量工作在小鼠中进行，但也有越来越多的胚胎学和发育遗传学研究使用家畜，例如猪。这使得我们可以对猪的发育有个大致了解。

近年来，猪的发育遗传学发展迅速，特别是胎体增长，胎儿与母体的互动(fetal-maternal interactions)和胎盘附着。然而，对发育到胚泡形成和孵化早期阶段的物种特异性特征的认识越来越慢。我们必须依靠哺乳动物发育遗传学，主要是建立在大鼠的数据。可以预见,分子遗传学方法的进一步发展将最终改善我们对于细胞和组织中基因表达谱的了解。通过不断的基因发现和关于猪妊娠的建立和维护的功能基因组学研究,我们将能够更好地管理关键发育事件,从而提高猪胚胎的发育和生存率。

(1)发育阶段的划分。家畜个体发育的整个过程,可明显区分出胚胎期和生后期。根据个体发育和生理特征,又可把这两个大时期细分为几个时期。每一时期家畜的组织结构和生理生化过程都有一定特点,一般称这些时期为发育阶段(development stage,development phase)。发育阶段的划分不是绝对的,不同论著有不同的划分方法。总的看,大同小异。尤其是划分发育阶段的原则,都是根据个体发育过程中出现的生理质变事件。需要指出的是,各发育阶段的长短可以因环境条件如饲养管理等而改变,使之在一定范围内加快或延缓。这一点在生产实践中是很有价值的。

我们把个体发育过程划分为七个阶段,如图 6-1 所示。

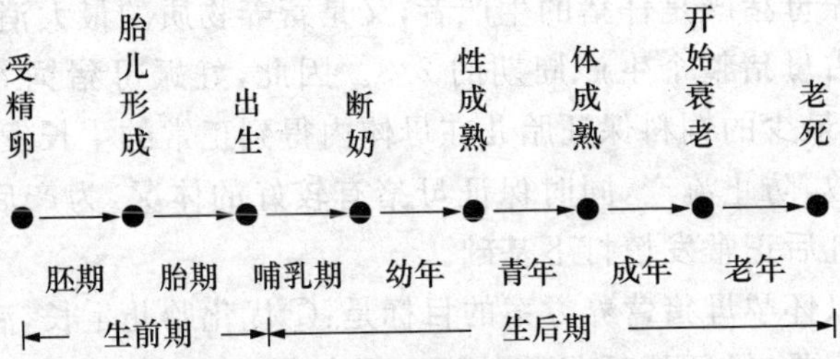

图 6-1　哺乳动物的发育阶段

(2)母猪的繁殖周期。成年后母猪的生殖过程是周期性的,主要过程包括发情周期、配种、妊娠、分娩、哺乳及断乳后再配种。

从精子与卵子结合、胚胎着床、胎儿发育直至分娩,这一时期称为妊娠期(gestation period,pregnancy),对新形成的个体来说称为胚胎期(embryonic period)。卵巢分泌的雌激素和孕激素及胎盘分泌的激素是妊娠维持的基础。妊娠初期,妊娠黄体分泌的雌激素和孕激素是胚泡着床不可缺少的。胎盘分泌的促性腺激素、雌激素、孕激素和绒毛膜生长素等是维持妊娠的关键因素,也是促进胎儿生长发育的因素。

母猪繁殖周期各个阶段的时间见表 6-1。

表 6-1　母猪繁殖周期各个阶段的时间

阶段	时间
发情周期	21 d
发情期	2～3 d
排卵期	发情开始后 30～40 h
胚胎伸长及在子宫内移动	8～12 d
胚胎附植	12～24 d
妊娠期	114 d

妊娠母猪既是仔猪的生产者,又是营养物质的最大消费者,妊娠期约占母猪整个生产周期的 2/3。因此,妊娠母猪饲养管理任务是,以最少的饲料保证胎儿在母体内得到正常的生长发育,提高产活子数,防止流产,同时保证母猪有较好的体况,为产后初期泌乳及断乳后正常发情打下基础。

所以怀孕母猪营养方案的目标是:①优化胎儿生长,满足母猪的营养需要,保证最适母猪体况。②饲养要点是,正确的营养配方,正确的饲养策略和管理,合理添加各种营养素。③提高窝产活子数和仔猪初生重。

6.2　猪配子的发生

新生雌性仔猪的卵巢含有卵母细胞,安静地储存在卵泡中。

随着雌性胎儿的卵子发生，早在受精后 40 d，卵原细胞就开始了减数分裂。在出生后 35 d 就已经形成了全部的卵母细胞，并且在第一次减数分裂前期（即胚泡阶段）停止分裂。在性成熟阶段，在合适的激素控制下，原始卵泡库被激活，重新开始继续发育。猪出生时估计有 500 000 的原始卵泡，这个数字在初情期下降到约 400 000 个。Morbeck et al. (1992)确定，从原始卵泡生长启动到排卵前阶段，猪卵泡发育所需的时间，大约需要 84 d。此后还需要 14 d 才可以发展到 3 mm 的早期窦状卵泡。最后，在卵泡大于 3 mm 后，估计还需要 5 d 才能够达到排卵前的状态。因此，一个猪的原始卵泡到排卵大约需要 100 d。卵母细胞在卵泡发育的整个过程中一直都在生长，几乎是线性生长，直到 300 μm 的直径；此后，卵母细胞的大小相对保持不变，直到排卵。卵母细胞的生长与减数分裂和发育能力关联，并且与卵母细胞进行减数分裂、受精和发育关联。在体内，促黄体生成激素（LH）启动卵母细胞成熟和诱导排卵。卵母细胞成熟的关键是成熟促进因子（maturation promoting factor（MPF））激酶。猪的 MPF 活性在原囊期（the germinal vesicle stage）非常低，在阶段 I 和 II 的中期达到高峰。其他激酶，如 MOS 和丝裂原活化蛋白（MAP），这被称为细胞质因素（CFS），也参与调节减数分裂。

精子发生是一个循环和高度协调的过程，这个过程从精原干细胞（spermatogonial stem cells）开始（对比卵子发生过程），不断通过有丝分裂产生几乎无限多的精子来增殖和补充睾丸生精小管。精原细胞通过两次减数分裂，产生的单倍体精子细胞发育成精子。公猪的生精周期（a seminiferous cycle）全过程是 8.3 d；而精子发生的全过程，从精原细胞到完全形成精子，需要 39 d。

6.3 猪胚发育(受精卵—胎儿基本形成)

受精卵先靠自身营养进行分裂,在分裂到4～8个细胞(2～2.5 d)时,从输卵管逐渐游移到子宫体。在110～114 h后发育成桑葚胚,随着进一步的细胞分裂,桑葚胚内出现液体,形成一个腔,这时就称为囊胚。在囊胚顶壁分化出胚结,其余囊壁细胞分化成滋养层。胚结演化为透明的胚泡后,通过滋养层以渗透方式从子宫分泌物即子宫乳吸取营养。猪胚在受精后8～12 d有一个特别明显的拉长阶段,结果是囊胚特别长,像线一样的"之"字形管状,在他附着在子宫壁上之前长度可达1 m(图6-2)。

囊胚长这么长的生物学意义是什么?笔者怀疑这个现象与猪胚在子宫内的定位有关。是什么机制保证了猪胚在子宫内的均匀分布?但是我们又不明白,线状的猪胚为什么呈"之"字状呢?

胚泡形成后继续发育形成原肠胚。继续发育4～6 d后,出现一些可以辨识的点。这个过程在哺乳动物和鸟类基本一样。此后,胚胎被2～3层结构所覆盖,接着在特定位置出现器官形成区。在哺乳动物,原肠胚只包括胚盘细胞,自原始细胞球(the original ball of cells)形成胚胎的三个胚层(外胚层、中胚层和内胚层),这个过程涉及细胞分裂、迁移和诱导。这个阶段开始时胚胎呈椭圆盘状,见图6-3。椭圆盘显著地细长,所以称原条(the primitive streak)。此后2～3 d,胚细胞组织分化为3个类型:外胚层、中胚层和内胚层。胚胎的全部组织器官都是由这3个胚层发育而来。

胚泡长大后在子宫内的游移受限,就开始了附着过程,迅速形成尿囊(13 d),17 d时尿囊与绒毛膜相贴,形成尿囊绒毛膜胎盘(胎儿胎盘)。猪的胎盘有胎儿胎盘和母体胎盘两部分,母体胎盘就是子宫内膜。先是尿囊绒毛膜胎盘上的绒毛侵蚀并附植于子宫内膜,然后,胎儿血管钻入绒毛,使胎儿胎盘充满血管网;同时子宫

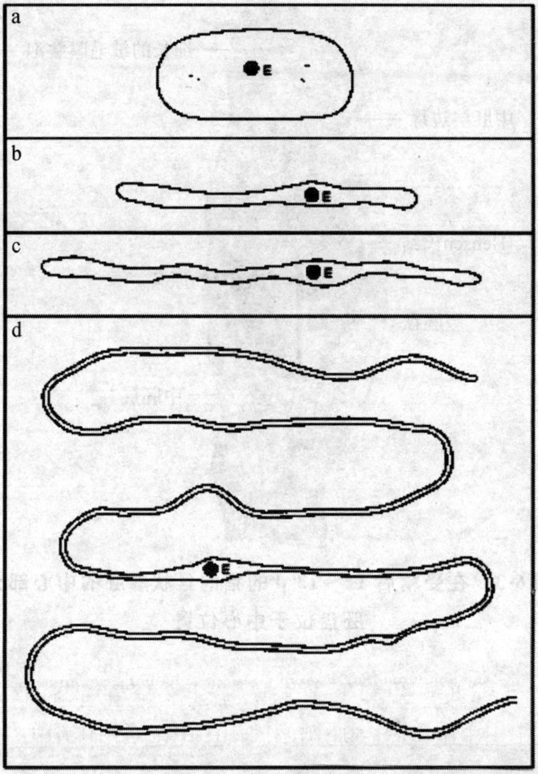

图 6-2 受精后 8～12 d 透明带孵化后的猪胚形状和长度的变化

a. 一个大致的球形胚 b,c. 一个逐步延长的滋养层

d. 薄而细长的锯齿状最终形成胚胎 e. 胚盘面积

内膜与胚泡相接的黏膜增生形成蜕膜,绒毛深入蜕膜形成母体胎盘。这时胚胎与母体联系渐渐牢固,并开始从母体血液获取营养(24 d)。此期胚胎分化激烈,逐渐形成各器官原基,相继出现物种特征,见图 6-4。

因这一时期胚与母体的联系不十分牢固,易死亡或流产,所以应加强母畜的管理,而由于胚的绝对生长量并不很多,所以这个时

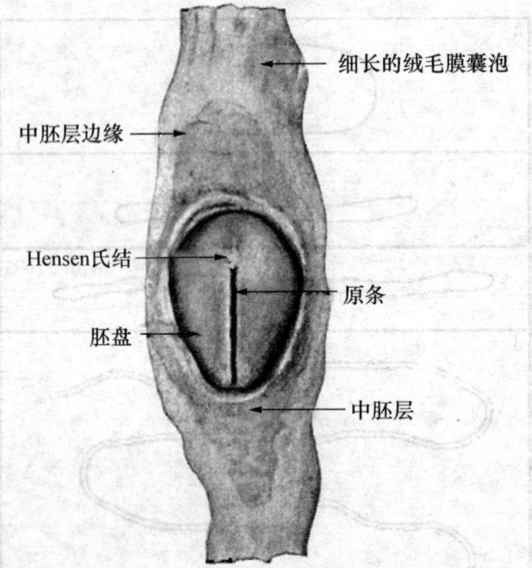

图 6-3　在受精后 12～13 d 的猪的丝状囊胚的中心部分
胚盘位于中心位置

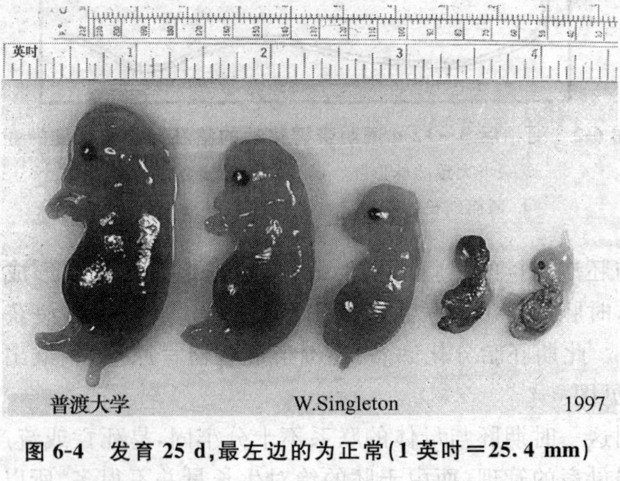

图 6-4　发育 25 d,最左边的为正常(1 英吋＝25. 4 mm)

期母猪的营养主要是提高日粮质量。

家禽与哺乳类动物相差很大。家禽受精卵在体内发育至原肠期，排出体外暂时停止发育，而后在合适的条件下孵化，继续发育。

6.4　胎儿期发育(胎儿基本形成—出生)

这一时期的主要特征是胎儿各组织器官迅速生长，品种特征逐渐明显可辨。不同物种胚胎发育各期所需天数不同，各组织器官的分化时期也有差异。从各期生长速度看，各物种相差更大。总规律是，胚胎早期发育强烈但生长很慢。后期生长迅速，初生体重的绝大部分是在怀孕期后 1/3 时间内增长的。例如猪的胚胎生长，怀孕 2 个月后，胚胎重量仅占初生重的 8%，而最后 1 个月的增重量却占初生重的 60%。因此，母畜怀孕后期日粮不仅要优质，并且要量足，同时还要适当运动，加强保胎，防止流产。

图 6-5 是发育 28 d 的猪胎儿。

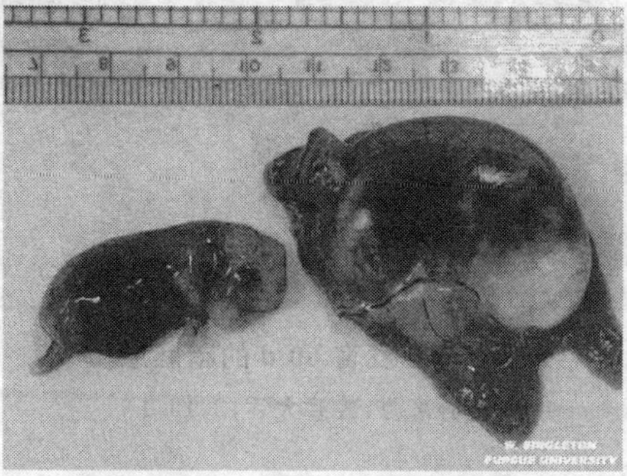

图 6-5　发育 28 d 的猪胎儿

(资料来源：普渡大学，2013.1)

图 6-6 和图 6-7 是发育 60 d 时的猪胎儿。

图 6-6　发育 60 d 的猪胚胎

（资料来源：普渡大学，2013.1）

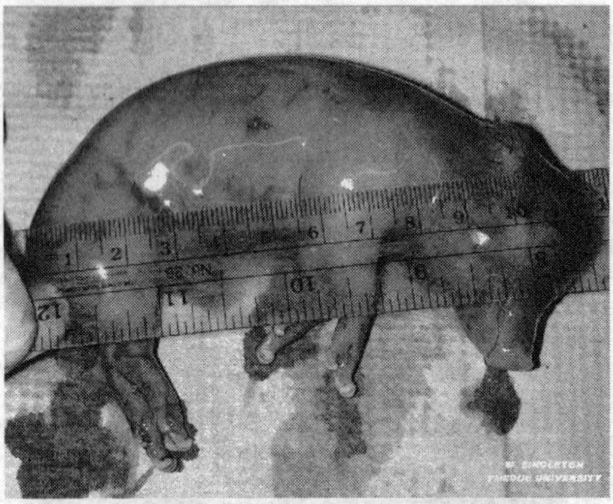

图 6-7　发育 60 d 的猪胚胎

（资料来源：普渡大学，2013.1）

猪的胚胎在 35 d 左右，脑半球已高度发育，开始表现出两个分裂成终极和独特的叶。在口中次级口感（the secondary palate）发育完成，舌头已可辨识。出现了精细盘曲的肠和分成小裂片的肺。到 35 d 时，心脏是胸腔内最大的器官，还有一个基本的膀胱显而易见。生殖腺已变成睾丸或卵巢，有两套生殖管道存在。很多骨骼的软骨模型已经出现，可以看见上下颌骨的早期形成点。四肢的肌肉和皮肤是明显的，在这个阶段通常是透明的。牙齿没有出现，只有牙齿的生发层。毛囊和基本的乳腺显而易见。到妊娠 1/3 时间时，胚胎已经可以立即识别。四肢、鼻镜上的鼻子、口和一个发育中的下颚以及眼睑是明显的。肩膀、腿、脚和指都是明显的，胸和腹壁已经成为有肌肉包围的架构，胸壁比腹壁多。此后直到分娩，各部器官和组织都表现出相当巨大的增长潜力。

6.5 猪胚胎期发育的重要事件及发生时间

胚胎期的主要任务是为生后的生存奠定组织器官的基础，包括呼吸系统、消化系统和骨骼系统(四肢)等。

家畜胚胎期的长短，因畜种不同而有差别，而且各种器官的分化时期也不同。表 6-2 简要说明猪胚胎发育的重要事件及其发生时间。

表 6-2 猪胚胎发育的重要事件及其发生时间

胎龄/d	发育水平
0	排卵后 14～16 h；受精后分裂为两个细胞
1	分裂为 4 个细胞
2	分裂为 4～8 个细胞，基因组激活
2～3	从输卵管转移到子宫
3	实心的卵裂球，桑葚胚发育
3.5	桑葚期
4.75～5	囊胚发育
6	囊胚扩张
7～8	胚层分化；自囊胚孵化出透明带

续表 6-2

胎龄/d	发育水平
9～10	扩大的球形胚，胚盘形成
11～12	原条前期；母体的妊娠识别；原肠胚开始；滋养层伸长；原始生殖细胞形成；开始植入
12	原条发育；原肠胚继续发育
12～13	绒毛膜向未孕子宫内伸长
13～14	开放性神经管形成
14～15	第一体节明显；神经管发育，开始闭合；眼泡明显；附着到子宫内膜，胎体完成植入
16	心搏动明显；神经管闭合；耳窝明显；前肢芽形成
16～17	尿囊显现(呈钩形)
17～18	羊膜完全发育；眼泡存在；后肢芽形成
19	尿囊绒毛膜的填充和接触；晶状体和视杯相当发育
20～21	嗅觉凹坑出现；眼色素形成；小肠凹陷为脐带
22	体节形成结束
21～28	鼻和眼已分化
24～26	初期附植；胚胎性腺可见
28	毛囊初现；眼睑成形；外生殖器分化；趾形成
30	尿囊血管完全进入绒毛膜
34～35	下唇瓣融合；面部裂隙闭合
44	阴囊、阴唇、阴蒂、包皮都出现
46～49	眼睑遮住眼睛
112～116	出生

数据来源：Rothschild.2011；Lawrence and Fowler.2002。

6.6　猪的胚胎期生长

(1)胚胎重的生长。猪的受精卵只有 0.4 mg,在我国,初生仔猪重约为 1.3 kg,整个胚胎期的重量增加 200 多万倍,而生后期的增加只有几百倍,可见胚胎期的生长强度远远大于生后期。

进一步分析胚胎期的生长发育情况可以发现,胚胎期前 1/3 时期,胚胎重量的增加很缓慢,但胚胎的分化很强烈,而胚胎期的后 2/3 时期,胚胎重量的增加很迅速。以民猪为例:妊娠 60 天时,胚胎重仅占初生重的 8.7%,其个体重的 60%以上是在妊娠最后一个月增长的。

为进一步说明胚胎在不同发育时期内生长强度的差异,现以整个胚胎发育时期作为 100,分别计算三等分时间内的胚胎生长强度,见表 6-3。

表 6-3　胚胎在不同期间内的生长强度　　　　%

家畜种类	整个胚胎发育时期中			整个胚胎期
	第 1 个 1/3	第 2 个 1/3	第 3 个 1/3	
兔	0.02	9.3	90.68	100
猪	2.00	24.0	74.00	100
羊	0.50	23.7	75.80	100

由表 6-3 可见,在胚胎发育的前 1/3 时期中,猪的胚胎生长最迅速,兔的胚胎生长最缓慢;在第二个 1/3 时期中,兔的胚胎生长也同样缓慢,猪和羊的胚胎生长强度相近;在最后的 1/3 时期中,兔的增重大约等于初生仔兔重量的 90%,而猪和羊则只占 75%左右。图 6-8 表明的是猪的胚胎生长。

(2)胚胎的组织生长。猪不同妊娠时期胎儿体组织重量及成

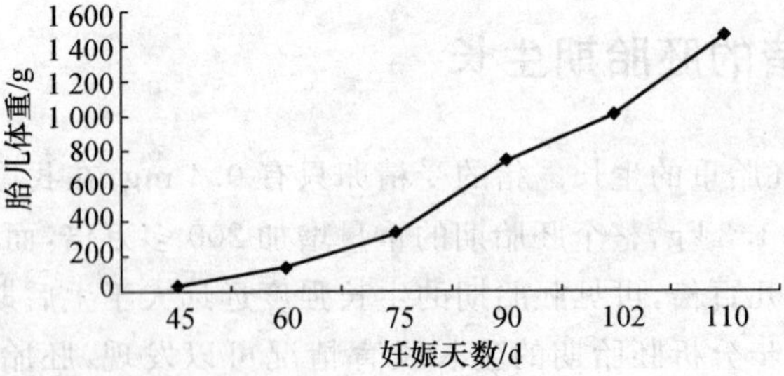

图 6-8 不同妊娠阶段猪胚胎体重的变化:胎儿重量的 3/4 是在最后 1/4 时间内完成的

分的变化规律见表 6-4。

表 6-4 猪不同妊娠时期胎儿体组织重量及成分

妊娠期/d	45	60	75	90	102	110	SEM
重量/g	17.27[a]	114.49[ab]	288.35[b]	631.15[c]	864.92[d]	1258.8[e]	84.81
DM/%	22.5[ab]	25.15[ab]	20.2[a]	29.23[ab]	31.32[b]	25.52[ab]	0.13
粗灰分/%	17.07[a]	21.49[b]	24.07[b]	17.83[a]	17.03[a]	17.16[a]	0.83
粗蛋白/%	63.94[a]	60.41[a]	57.44[b]	59.09[b]	57.93[b]	51.08[c]	1.03
粗脂肪/%	15.97	15.13	11.67	14.4	14.01	12.44	1.33

注:同一行中标有不同字母上标的,表示差异显著。McPherson R.L et al, 2004。

猪的肌肉发育可以分为两个部分:一是肌肉细胞数的增多,二是肌细胞的增大。猪的肌细胞数在胚胎期 35～90 日龄就确定了,此后的肌肉生长就是肌细胞的增大。所以怀孕母猪这个时期的饲料营养十分重要。如果这个时期遭遇严重的营养不良,就会使肌细胞数不足,严重影响生后的生产性能。

猪胎儿蛋白质沉积规律如下(Adapted from Kim et al,2009)。

0～70 d: 1 个胎儿体组织蛋白质沉积 17.5 g(0.25 g 蛋白质/d);11 个胎儿体组织蛋白质沉积 192.5 g(2.75 g 蛋白质/d)。

70～114 d:1 个胎儿体组织蛋白质沉积 203.7 g(4.63 g 蛋白质/d);11 个胎儿体组织蛋白质沉积 2 240.7 g(50.93 g 蛋白质/d);后期/前期＝18.5 倍。

从胎儿养分沉积和重量变化来看,怀孕后期应加强母猪营养,为产仔和泌乳以及下一个繁殖周期做好准备。从生产来讲,也是加强钙、磷、微量养分调控的主要阶段。

表 6-5 表明了仔猪初生重对生后期的影响。所以加强怀孕期饲养管理,提高仔猪初生重有很大经济意义。

表 6-5 仔猪初生重以及随后的表现

	初生重/kg	生长率/(kg/d)	宰前体重/kg	宰后屠体重/kg	滴水损失/%	纤维数×1 000
低	0.9	0.582	106.1	84.2	6.6	900
高	1.8	0.641	116.0	92.5	4.5	1 200

注:据 Rehfeld et al，2004。

(3)影响胚胎生长的因素。Robinson 等(1999)讨论了影响胚胎生长的主要因素,包括胚胎植入前阶段的卵母细胞期,合子到囊胚期和滋养层时期。值得思考的是,体外受精后移植到母体子宫的胎儿有较大的初生重。在植入前,已证实类固醇激素的浓度和 IGFs(胰岛素类生长因子)影响胚胎生长。羔羊高的初生重与高水平的血氨有关,但是这对于交配 6 d 后的胚胎没有影响。

有证据表明,在体外受精后立即收集做试管内培养直到囊胚期的试验中,在 1～4 个细胞时期,培养基组成巨大地影响胚胎的初生重,虽然很多时候不是全部胚胎都受影响。这个阶段影响胚胎生长的重要因素可能还有母体分泌的孕酮。

体外受精的胚胎早期生长的天然模式受培养基组分的变化而改变,这个效应很可能不仅影响到胚胎期胎儿大小,而且可以持续到整个生长期,只是对于不同器官和不同部位的影响程度不同。

在滋养层阶段IGFs(胰岛素类生长因子)和IGFBPs(类胰岛素生长因子结合蛋白)可能严重影响生长。

在早期胚胎阶段,有可能发生重新编程事件(re-programming of events),导致过度生长。全部的组织器官成倍增加会不会产生不同的效应? Walker 等(1996)对此做过讨论。McEvoy 等(1998)发现,在试管内复合培养的犊牛胚胎体型过大,在犊牛13月龄时心脏也很大。

猪胚在6周龄时各种主要的器官结构已经形成,胚已成胎,骨骼系统已经钙化,如果这时发生胎儿死亡,就不会被吸收,而是留下曾经存在的痕迹——木乃伊。图6-9是猪胚矿物质元素生长的观测曲线,可以近似表示骨骼系统的生长曲线。

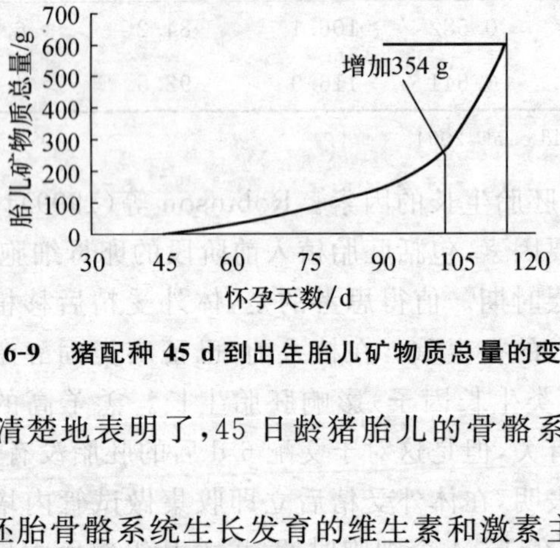

图6-9 猪配种45 d到出生胎儿矿物质总量的变化

图6-10清楚地表明了,45日龄猪胎儿的骨骼系统已经有大量的钙沉积。

影响猪胚胎骨骼系统生长发育的维生素和激素主要有甲状旁腺激素、降钙素、维生素D、维生素A、维生素C、甲状腺激素、糖皮质激素、睾酮、雌激素、生长激素等。

母猪泌乳期的体况损失(体重与背膘厚)和断奶—妊娠间隔期(WPI)可能严重影响下一胎产子数和仔猪均匀度。WPI在7 d内时比8~21 d时产子数少1.2头,比WPI 21 d以上时少0.7头仔

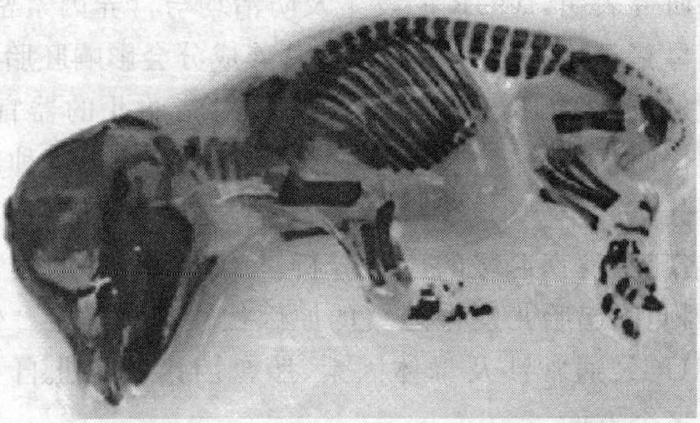

图 6-10 猪胚 45 日龄时的骨骼系统
(图片来源:http://www.pighealth.com/MEDIA/P/BOOKS/REPROBKS.HTM)

猪初生重的变异也大(标准差和变异系数分别高 23 g 和 1.7%)。哺乳期的母猪体况损失影响随后的总产仔数和平均仔猪体重。哺乳母猪体重损失大时随后产仔初生重的变异也大,与母猪胎次无关。

(4)分娩的机理。目前尚不完全清楚。有母体发动分娩和胎儿发动分娩两种学说。分娩的启动和完成是催产素、雌激素、前列腺素等一系列激素参与的结果。

6.7 猪胚胎发育迟缓与营养的关系

宫内发育迟缓(IUGR)是猪胚胎发育过程中的一种常见病理现象。在一般生产水平下,IUGR 仔猪成活率很低,或在生后相当一段时间内发病率高及发育迟缓。哺乳期内仔猪的死亡率在 15%~20%,而弱仔的死亡率高达 50%。弱仔在出生后 1 周内的死亡率最高,其中生后第 1 d 死亡占生后 21 d 死亡的 14%,第 2 d 高达 22%,这与 IUGR 造成的新生动物的个体小、消化和免疫机能不完善、生命力弱密切相关。

许多研究表明，IUGR 的发生及防治均与营养因素密切相关。降低妊娠母猪日粮中的一种或多种营养成分会影响胚胎各器官系统的发育，造成 IUGR 现象。而 IUGR 对猪胎儿的器官功能、营养物质的代谢都有一定不利影响，大多数研究认为这种影响会持续到生后甚至成年。

(1)猪胚胎发育迟缓的原因分析。胎儿与母体的相互作用十分复杂，因此引起胎儿发育迟缓的原因往往很难确定。但总的来讲，胎儿 IUGR 通常涉及母体因素、胎盘因素和胎儿自身因素中的一个或多个方面。

猪是多胎高产动物，其胚胎的生长发育与其在子宫中的位置有很大关系，靠近卵巢部位的胚胎生长迅速，而在子宫中部的生长缓慢，所以同窝仔猪间的初生重常存在明显的差异。另外，整个母猪胎盘功能不足会明显增加猪胎儿 IUGR 的发生率。胎盘功能不足时，母体向胎儿供应血液、氧气、营养物质的量都减少。怀孕母猪营养不良也是导致 IUGR 发生的一个重要因素。

(2)判断仔猪发育迟缓的方法。常用于判断 IUGR 的方法都是以初生重为尺度，主要有 5%百分位数法、10%百分位数法和 ZSD 法。例如，用 ZSD 法判断 IUGR 仔猪时，将某地区或猪场同一品种的仔猪初生重进行统计分析，计算出平均初生重和标准差，初生重低于平均重两个标准差的仔猪就是 IUGR 仔猪(Xu 等，1994)。用 5%百分位数法或 10%百分位数法时，群体中初生体重最轻的 5%或 10%仔猪个体被认为是 IUGR 仔猪。

确定 IUGR 仔猪的另一种方法是把一窝仔猪按初生重从小到大排列在正态分布纸上绘制一条曲线，横坐标为仔猪的初生重，纵坐标为仔猪按体重排名位次与该窝产活仔数的比值。如果所有仔猪的体重分布正常，制得的图应为一条直线，如果某些仔猪过小或过大，它们的体重会偏离直线，体重低于整个直线的仔猪就是 IUGR 仔猪。

(3)母猪日粮营养水平与猪胚胎发育。妊娠母猪营养不良是引起猪胚胎IUGR的一个重要原因,不论是限制采食量,还是降低母猪日粮中蛋白质浓度都容易造成IUGR。

有试验发现限制妊娠期母猪营养会使胎儿的肝脏、肾脏、心脏、脾脏、胃肠道的重量都明显减轻。

不同器官对母体营养不良的敏感性不同,怀孕后期相对生长速度较快的器官受影响较大。周小秋等(1994)实验表明,营养水平对初生仔猪心、脑绝对重量没有影响,而对肝脏的影响与对整个机体的影响程度类似。肾脏、脾脏对母猪的营养状况最敏感。限制妊娠母猪的日粮蛋白明显降低初生仔猪肾、脾的绝对重量和相对重量。而母猪营养供给不足时,仔猪肾、脾的绝对重量和相对重量都随营养水平的增加而增加。不论是胎儿期还是生后营养不良,猪胃肠道都优先发育,受影响程度较小。但是,当营养缺乏达一定程度后,胃肠道的生长发育也会明显迟缓(张庆等,1997),这时仔猪小肠的黏膜层薄、绒毛较短,甚至在其回肠后段的黏膜和黏膜下层可发现坏疽。

胎儿及新生仔猪的蛋白质代谢、糖代谢与妊娠期母猪的营养水平关系密切。母体孕期营养水平低时,初生仔猪血清蛋白和总蛋白的含量显著降低。母猪营养不良还会降低胎盘和子宫内膜中一氧化氮合成酶活性、鸟氨酸脱羧酶活性和氨基酸浓度,影响营养物质向胎儿体内转运,从而降低胎儿循环中的氨基酸浓度。妊娠母猪禁食也会引起胎儿血浆、肝脏、骨骼肌中的糖原含量下降。妊娠母猪禁食时,母体胎盘不能有效地利用自身能量储备。

研究表明,母猪怀孕期日粮风味可能影响仔猪对饲料风味的选择,这对于养猪生产是有参考价值的。

6.8 哺乳期(出生—断奶)

这是仔猪对外界条件逐渐适应的时期,特别是生后1周内的新生儿,各组织器官的结构和机能都发生巨大变化。其特点表现有:①呼吸系统机能迅速适应新的条件。仔猪从依靠母体血液供氧,转变为靠自己独立呼吸进行氧的代谢。②消化系统发育迅速,机能日趋完善。胚胎依靠母体通过脐带吸取营养,生后迅速转变为哺乳。不过初生时消化器官很不发达,猪出生时胃重仅8 g,仅可容40~50 g乳汁。盐酸分泌机能不健全,唾液和胃蛋白酶也分泌不多,仅及成年1/3至1/4,到3月龄才达到成年的分泌量。所以初生仔猪消化机能还很不完善,制造仔猪开食料是一个很高的技术。随着仔猪消化机能的逐步完善,对母乳的依赖日益减小,从开始吃料逐步增加采食量,最后完全断乳。③体温调节机能逐步完善。生后的1~2周内,仔猪体温调节机能未发育完善,实践中保温是提高育成率的关键技术。④造血机能的转变。出生前胚胎是靠肝和脾产生红细胞,生后转为由骨髓产生。⑤抗病力和适应性逐步加强。胎儿出生时母乳中含有大量抗体,可保护仔猪早期发育及提高仔猪的抗病力。但因仔猪抗病力弱,仍易遭受病源侵袭而死亡。猪死亡在前10 d占66.7%,第二个10 d占13%左右。可见仔猪适应性和抗病力是随年龄而增加的,同时也说明,必须对仔猪加强培育与护理。⑥生长强度大。仔猪一般在生后第10天的活重,可比初生重大1.16倍,1个月在3.33倍,2个月9.91倍,以后随年龄增加,生长强度逐渐减弱。

因为仔猪出生时的能量储备和保温能力非常有限,对母猪乳房有非常激烈的竞争,因此,产房温度对于仔猪保持体温是极其重要的,尤其是生后第一天。多年来仔猪出生时的建议产房温度一直是34℃,尽管仔猪在产房中可以熬过来,但是在生后3 h内要消耗大约50%多的能量储备,才能达到38℃产房的结果。考虑到提高产房温度的成本,猪场在母猪限位栏边都设有保温箱,控制保温箱内温度在38℃是比较容易的。

目前规模化猪场的商品猪,出生至21 d日增重250 g以上,21日龄体重达6.5 kg以上;28日龄断奶的仔猪体重达到28 kg以上;21~42日龄日增重400 g以上,42日龄体重达12 kg以上;42~56日龄日增重600 g以上,56日龄体重达20 kg以上;150日粮体重达100 kg以上,15 kg至出栏(100 kg体重以上)只需95日龄,料肉比2.8以下。

仔猪在猪一生生长强度最大,生后随年龄增加其生长强度逐渐降低。例如6 kg仔猪在10 d内可长到9 kg,平均日增重300 g,日增重是其初始体重的5%;9 kg仔猪在8 d内可长到12 kg,平均日增重375 g,而这个日增重只稍多于初始体重的4%。20日龄仔猪,每千克体增重的蛋白质日沉积量为9~14 g,而成年猪仅为0.3~0.4 g,前者是后者的30~35倍。钙、磷代谢也很旺盛,每千克增重含7~9 g钙,4~5 g磷,所以仔猪的单位体重所需养分高于大猪。

国内外都是以体重为标准考核后备猪的生长发育,在种猪还要结合考核体型、膘情和肢蹄评分。一般要求七八成膘即可,重点是骨架、消化系统和抗病力的培养,这是今后高繁殖力的基础。

6.9 幼年期(断乳—性成熟)

几乎所有家畜,这个阶段都是生长速度最快的阶段。这个阶段的主要目标就是最大限度地获取营养,为下一步的繁殖后代做准备。在许多物种,都是在这个阶段学会获取食物、保护自己、并且与同伴相处的技巧。

幼年期是仔猪生长的最好时期。猪的各组织器官逐渐发育完善,性机能开始活动。这个时期有以下特点:①骨骼和肌肉生长迅速,各组织器官也相应生长,特别是消化器官和生殖器官的生长发育最强烈。②由哺乳过渡到完全采食饲料,食量不断增加,消化机能逐渐增强。③生长强度逐渐降低,生长速度即绝对增重逐渐加快,奠定了今后生产性能类型和体质外形的基础。

一般猪场在21~28日龄断奶,21日龄窝重是考核母猪泌乳力的最佳指标。美国NSIF (National Swine Improvement Federation)建议在小猪出生后14~28 d做窝重秤重记录,并按照修正公式将之修正到21日龄窝重,让不同猪场的种猪资料可以比较(见表6-6)。美国、加拿大、丹麦、挪威、瑞典及芬兰都是用21日龄窝重为标准。

表6-6 实测日龄校正系数

实测日龄	校正系数	实测日龄	校正系数	实测日龄	校正系数	实测日龄	校正系数
10	1.50	15	1.25	20	1.03	25	0.88
11	1.46	16	1.20	21	1.00	26	0.86
12	1.40	17	1.15	22	0.97	27	0.84
13	1.35	18	1.11	23	0.94	28	0.82
14	1.30	19	1.07	24	0.91		

分娩后3周为母猪泌乳高峰,能充分提供仔猪所需营养,此后仔猪需求不断提高,而母猪能提供的乳量则日渐减少。仔猪满3周龄前,教槽料的采食量非常有限,因此,这个阶段仔猪的生长能完全反映母猪的母乳力及哺育性能。

Garst et al.(1999)根据挤乳量估计母猪泌乳量大约是在21 d达到高峰,之后逐渐下降,图6-11中own litter代表母猪是自产的仔猪自己喂乳,replacement是有代养一些仔猪。横坐标是泌乳天数，纵坐标是母猪泌乳量(mL)。

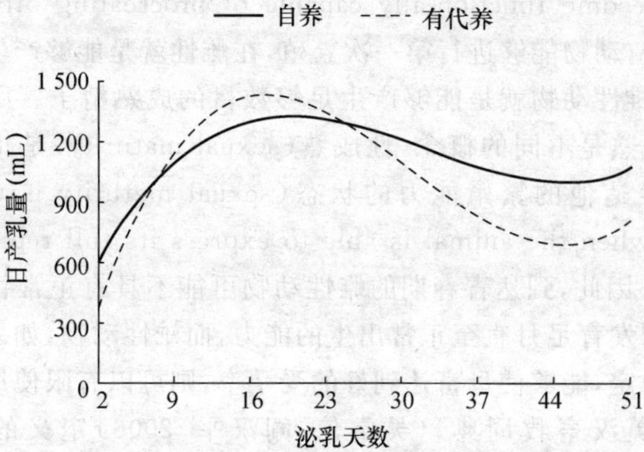

图 6-11　母猪泌乳力变化曲线

(Garst et al,1999. J.Anim. Sci.77:1624)

美国 NSIF 使用的 21 日龄修正窝重的计算公式(单位是磅)：

21 日龄修正窝重＝实测窝重×(2.218－0.081 1×实测时日龄＋0.001 1×实测时日龄的平方)。

在自然或半人工状态下，猪通常在 12～17 周龄逐渐断奶。商品猪在 3～4 周龄断奶是很大应激，断奶一天内仔猪常不食，动用体贮存维持生命，如果饲料营养和饲养管理不到位，断奶时常发生营养性拉稀，所以仔猪体重下降，一般下降 10%左右，断奶越早影响越大。例如 21～28 日龄断奶的需要 4 d 即可恢复，12～17 日龄断奶的仔猪一周时间才能恢复，小公猪和阉公猪的断奶抑制比小母猪严重，但这种差异持续时间一周后就会消失。

6.10　青年期(性成熟—生理成熟)

《牛津英语词典(Oxford English Dictionary)》定义的青春期

(puberty)是动物能够繁殖后代的状态(the state or condition of having become function-ally capable of procreating offspring)。这意味着,动物能够进行第一次繁殖,在雌性就是能够产生成熟的卵子,在雄性动物就是能够产生足够数目的成熟精子。所以青春期与性成熟是不同的概念,性成熟(sexual maturity)是指动物能够完全表达他的繁殖能力的状态(sexual maturity is the state reached when the animal is able to express its full reproductive power)。因此,到达青春期的雌性动物可能不具有正常怀孕并使胎儿顺利发育足月直至正常出生的能力,而雄性动物,如果精液质量高而稳定,能够使母畜达到好的受孕率,则可以有限使用。

而《英汉畜牧词典》(吴常信,阎汉平,2006)定义的性成熟(sexual maturity)为"此时开始产生能育性生殖细胞,繁殖后代"。查《维基百科》,有"性成熟初期的'精液'呈现'果冻'状,不像'成熟'男性精液能……"。其他中文资料也都是把"性成熟"一词定义为"女性开始排卵,男性开始遗精"。这显然与英语的"性成熟"概念不同,而与英语的"青春期"概念吻合。

这里既为中文,也就按照中文的规矩。

在青年期,机体的生长发育逐渐成熟,体型基本定型,能繁殖后代。其特点是:①各类组织器官的结构和机能逐渐完善和定型。②生殖机能逐步发育完善,母猪乳房生长强度加大。③绝对生长速度达到最高峰,以后则下降。

后备猪配种后继续生长。130～140 kg 体重(18～20 mm 背膘,在第 2 或第 3 次发情时交配)的初配母猪(210～230 日龄),每胎自身体重要增加约 40 kg,需要的营养要考虑到维持需要量、自身生长需要量和胎儿的营养需要量。

6.11 成年期(生理成熟—开始衰老)

此期生产性能稳定,其特征为:①各组织器官的结构和机能已完全成熟,新陈代谢水平稳定。②生产性能处在最高峰,性机能活动最旺盛。③体型已定,在饲料丰富时能迅速沉积脂肪。④与繁殖相关的部位或器官组织周期性生长。例如母猪,以脂肪形式贮存能量以备怀孕和哺乳期之需要。

国内的优秀猪场,每头母猪每年可以生产断奶仔猪 24 头,每只母猪每年生产 2.4 窝仔猪,每只母猪一生生产 40~50 只仔猪(5 个胎次),繁殖母猪的产仔率 85%~90%,年更换比率小于 40%,母猪断奶后发情间隔 5~7 d。仔猪断奶体重大于 6.0 kg(21 d 断奶),或大于 8.0 kg(28 d 断奶)。每头母猪每年提供的断奶仔猪数越多,每千克断奶仔猪所需要的饲料越少。见图 6-12。

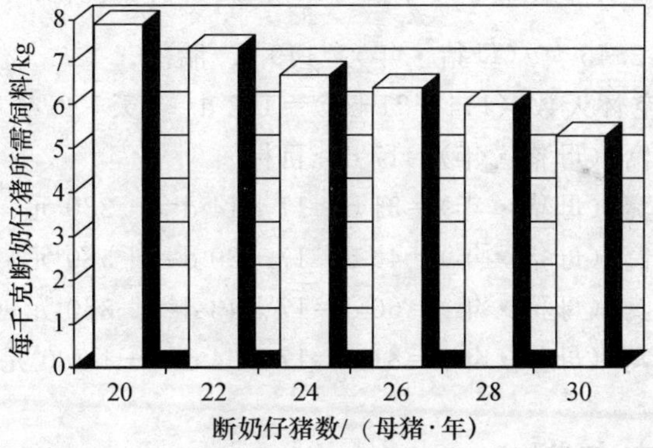

图 6-12　母猪的生产力

提高母猪生产力是降低养猪成本的重要技术。主要有四个大的方面,包括营养、管理、舍饲/饲养、健康状况,这里尽量压缩母猪的非生产期是关键(图 6-13)。

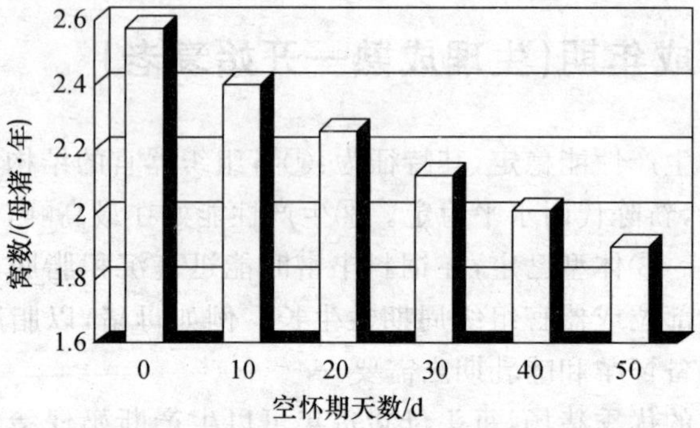

图 6-13　空怀期和每头母猪每年产仔窝数

114 d 妊娠＋21 d 泌乳＋7 d 断奶＝142 d 生产期

如果母猪的空怀期为 10 d，那么每胎所需要的天数就是 142＋10＝152(d)，每年生产的窝数就是 365/152＝2.4(胎)。

空怀期成本按照每头母猪每天 20 元计算，计算如下：

目标：2.45 窝/(母猪·年)＝149 天/胎次。

最小空怀天数：(114＋21＋7)＝142 d＝7 天×2.45＝17 天

2.45 窝/(母猪·年)＝17 d＝目标

2.35 窝/(母猪·年)＝31 d＝17＋14 d＝＋280 元

2.25 窝/(母猪·年)＝46 d＝17＋29 d＝＋580 元

2.15 窝/(母猪·年)＝60 d＝17＋43 d＝＋860 元

2.00 窝/(母猪·年)＝81 d＝17＋64 d＝＋1 280 元

6.12　老年期

整个机体代谢水平开始下降，各种器官的机能逐渐衰退，所以生产力开始下降，逐渐出现各种衰老现象。一般在经济利用价值不高时，均应被淘汰。

生长发育时期也叫发育阶段或生长关卡。因为在个体发育过程中，似乎必须完成一定阶段才能转入下一阶段，常称这种现象为发育的阶段性。

母猪的使用年限，目前国内一般使用 7～8 胎。6 胎后母猪的体质开始下滑（丹麦的资料）。但体质优秀的母猪可以延长使用年限，要根据具体生产状况而定。由于猪场要求均衡供仔以稳定商品猪群体规模，根据母猪淘汰情况，猪场母猪群内的胎次分布应该是图 6-14 所示的状况。

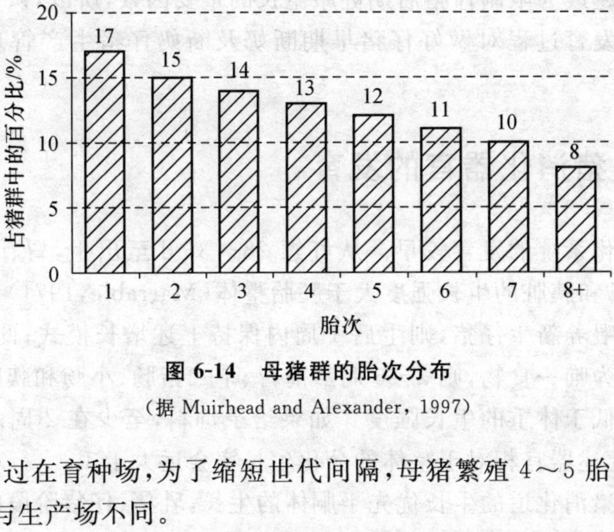

图 6-14　母猪群的胎次分布

（据 Muirhead and Alexander，1997）

不过在育种场，为了缩短世代间隔，母猪繁殖 4～5 胎就淘汰了，这与生产场不同。

7 猪消化系统的发育

生存和生长发育的前提是消化系统的功能发育。肠道最基本的功能是消化吸收,同时也是体内最大的免疫器官,各种营养物质主要在此吸收转运,处于沟通机体内外环境的重要位置。肠道发育越来越成为限制仔猪后期健康生长的重要因素,所以,认识猪的消化道发育过程对做好仔猪早期断奶及断奶仔猪生产管理非常重要。

7.1 猪消化器官的发育

消化系统的发育较早。从妊娠 28～36 d 至出生,胃、十二指肠、小肠和胰脏的生长强度大于胚胎整体(Marrable,1971)。如果由母乳喂养新生仔猪,则生后 1 周内保持上述增长模式;此后,若以母乳为唯一食物,则 2～6 周龄前胃、十二指肠、小肠和胰脏的生长强度低于体重的生长强度。如果给予饲料,至少在 2 周龄断奶仔猪,上述器官相对于整体的分化生长率会远大于 1。

仔猪消化道的生长优先于胴体的生长,乳猪、仔猪阶段的生长重点是消化道的发育。仔猪消化道发育主要是指上皮细胞和肠道绒毛的发育。仔猪哺乳期肠道黏膜发育变化规律的认识有助于我们理解仔猪。

新生仔猪,尤其是哺乳后的 6 h 内,肠道尺寸发育强度很大(Zhang,1997)。哺乳后 24 h 的仔猪与未哺乳的新生仔猪相比,肠道长度增长 29%,重量增加 86%;小肠长度增加 24%,直径增加 15%;小肠绒毛高度增加 33%～90%,绒毛直径增加 14%～51%;

黏膜面积增加 130%(Buddington 等,2001)。

0～3 周龄肠道发育数据见表 7-1。

表 7-1 哺乳仔猪的肠道发育

	胃重	胃容积	小肠容积	大肠容积
出生	8 g	30～40 mL	…	…
3 周龄	35 g	100～150 mL	…	…
	4.4 倍	3.8 倍	50～60 倍	40～50 倍

资料来源:印遇龙,2009.7.3,幻灯片。

哺乳仔猪(1～28 d) 肠道组织形态学发育指标(y)与日龄(x)之间曲线方程 (n=30) 见表 7-2。

表 7-2 肠道形态发育与日龄之间的关系

y	x	曲线方程
空肠前段		
绒毛长度	日龄	$y=247.92-11.15x+0.34x^2$
隐窝深度	日龄	$y=170.94-8.27x+0.24x^2$
空肠后段		
绒毛长度	日龄	$Y=241.50+47.42x-9.64x^2+0.54x^3-0.009x^4$
隐窝深度	日龄	$y=184.50-2.58x$
上皮间淋巴细胞数	日龄	$y=0.47+5.12x$
回肠末端		
绒毛长度	日龄	$y=195.87+3.45x$
隐窝深度	日龄	$y=83.30+11.27x-0.29x^2$
上皮间淋巴细胞数	日龄	$y = 370.71+21.23x-3.15x^2+0.08x^3$
杯状细胞数	日龄	$y = 49.73-1.00x$

资料来源:印遇龙,2009.7.3,幻灯片。

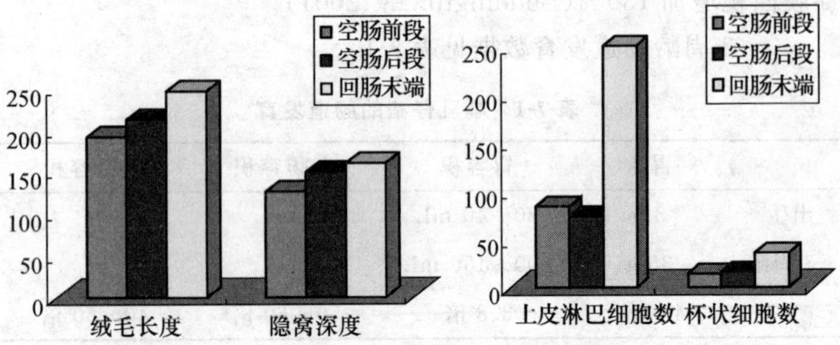

图 7-1　哺乳仔猪不同肠道部位肠道形态发育的比较($n=30$)

从初生到 2 月龄，消化器官中胃和大肠生长的强度依然大于体重，小肠生长强度与体重相近，消化器官的绝对生长速度在 4 月龄达最高峰；从 2 月龄到 6 月龄，繁殖器官生长最快，脂肪虽开始生长，但未达最高水平；从 6 月龄至 10 月龄或 12 月龄时，脂肪组织继续强烈生长，肌肉、消化器官和生殖器官的生长强度明显下降，其他组织和器官的生长也逐渐下降到最低水平。最后，除脂肪组织继续生长外，整个机体的其他组织和器官已不再生长。

在仔猪消化器官的重量、长度和容积发生变化的过程中，其形态和结构也发生明显变化。随年龄增长，小肠绒毛高度减小，隐窝深度增加。仔猪断奶后肠道形态的这种变化比吮乳时更明显，断奶越早越明显。仔猪断奶是个很大的应激，断奶后肠道上皮的绒毛萎缩和腺窝加深实际上是肠道上皮细胞损伤，可导致营养吸收功能受损、脱水、腹泻和感染。减少断奶仔猪腹泻，保护肠道黏膜上皮和消化道正常发育，不仅有利于仔猪生长，也有助于猪后期生长。一旦消化道的发育发生不可逆转的器质性损伤，会严重影响此后仔猪的生长发育，甚至出现僵猪。

猪一生小肠发生两次形态学和组织学变化，首次在初生时，另一次在断奶时。初生至断奶前仔猪主要从母乳中吸收各种营养物质及免疫球蛋白等，空肠及回肠的绒毛长度随日龄增加而变短、变粗。断奶后仔猪单位体重的小肠长度随日龄持续降低，而小肠直径和容积分别增加 3.5 倍和 43 倍。断奶后，仔猪食物由流质母乳转变为固体饲料，这对仔猪来讲是个很大应激，使肠绒毛长度变短(由哺乳期的 0.55 mm 降低为 0.356 mm)且隐窝变深(由哺乳期的 0.118 mm 增加到 0.2 mm)，断奶前细而薄的指状肠绒毛，因断奶而变短且密集柔软。仔猪小肠的形态变化还与断奶日龄有关，断奶日龄越小，细胞再生率越低，断奶时绒毛长度越短且隐窝越深。断奶使肠绒毛受损或长度变短，隐窝细胞数增加，导致微绒毛酶活性降低。

仔猪断奶后整个消化系统要适应饲料消化的需要，要有协调的功能，据此或可推断，断奶后仔猪的胃、肝脏、胰腺和肠黏膜酶系统等整个消化系统应该协调发育。然而大量观察结果是，仔猪断奶后，小肠在前 3 d 相对重量降低，至第 10 天恢复，这或许与采食后小肠上皮的绒毛损伤有关；而大肠则因是断奶仔猪的主要消化器官，因采食饲料得以发育较快，重量比例提高；肝脏、胰腺也得以快速发育，重量比例升高，是与采食饲料有关的适应性生长，不过关于胰腺在断奶后快速生长的报道不一致，或许与饲料组成有关。

小肠是所有营养物质消化和吸收的主要场所，小肠自身营养对其功能发挥有重要意义。仔猪生后 3～4 d，小肠重量增加1倍，而仔猪体重到 1 周才增加 1 倍。虽然胃肠道组织重量一般不到体重的 5%，但生后 10 d 内小肠吸收面积增加 1 倍，其耗氧量可达全身耗氧量的 15%～35%，小肠黏膜组织对氨基酸的利用量可占摄入氨基酸总量的 40%～60%，而且消耗 5%左右的葡萄糖，这也表明小肠(尤其是其黏膜组织)更新速度很高。研究表明，乳猪有效养分采食量与小肠黏膜细胞分裂能力和绒毛高度呈显著相关。

总的来说，仔猪出生时已发育到一定程度，可以适应母乳营养，但是还没发育完善，早期不能很好地适应饲料营养。为了及早锻炼仔猪适应饲料，一般在哺乳期给仔猪补饲饲料，大量报道表明，补饲确可降低断奶后肠绒毛损伤程度。断奶后的日粮设计和饲喂方式也很重要，例如使用奶制品和血浆蛋白，以流食形式给饲，等。流食是仔猪用干粉料加水调和而成，加水量，笔者经验是水：料在(1.5～2)：1较好。仔猪断奶后肠道微生物与肠黏膜的相互作用也很重要，断奶时仔猪胃酸分泌不足，肠道酸度不足，可导致仔猪肠道微生态不平衡而发病。几十年来，养猪场一直使用抗生素提高仔猪生长性能，其作用原理，可能是减少了肠道内的细菌数量，由此改善了小肠上皮细胞的功能；而大肠内细菌数量的减少对仔猪生长的影响较小。

7.2 猪肠道消化功能的发育

仔猪出生时消化器官及其功能已发育到一定程度，适合消化母乳，但出生对于仔猪来说仍然是一个巨大的应激。出生时从恒温环境到变温环境，从无菌水生的子宫内到有菌陆生的猪舍，对养分的吸收也从靠脐带被动吸收到靠消化道主动吸收；胚胎期仔猪消化器官已形成，但结构和机能不完善，消化机能是随仔猪日龄逐渐成熟的。

在仔猪哺乳阶段，生存与生长发育是最基本的两个问题。一是快速完善免疫系统，提高抗病力，保住生存问题；二是尽快适应自己摄取食物，尤其是要为断奶后自己采食饲料奠定基础，这就需要加快消化系统生长发育。

(1)新生仔猪的肠壁可以通过吞饮作用从初乳中吸收大量的完整蛋白，这种吸收大分子物质的过程是非特异性的(不加选择)。初乳中的多种组分，包括免疫球蛋白和多种营养因子，可通过肠道上皮细胞迅速吸收并进入仔猪体内血液循环系统。新生仔猪就是通过肠壁完整吸收初乳中的免疫球蛋白而获得被动免疫。仔猪血液中免疫球蛋白含量是吃初乳所致，出生 8～12 h 达高峰，生后 24～36 h(也有报道 48 h)免疫球蛋白就不能从肠壁直接吸收了(图 7-2)。

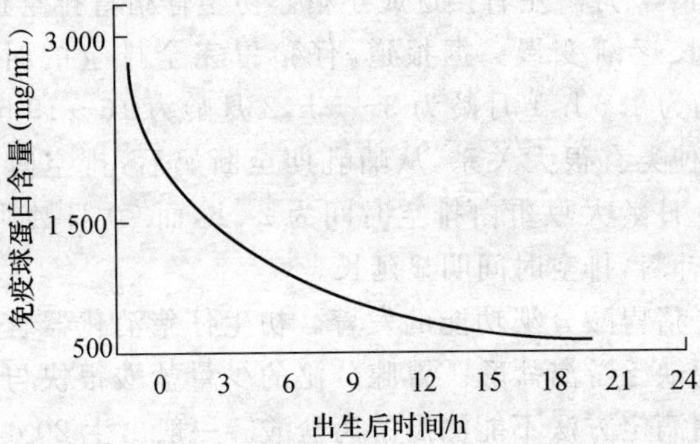

图 7-2　出生后仔猪对母乳中抗体的吸收能力

(计成，2000)

目前还不完全清楚肠道上皮细胞吞饮机制终止的细胞学基础，Sangild(1999)推测，调控肠道关闭的相关因子可能存在于初乳的乳清中。

新生仔猪肠壁上皮细胞对大分子物质的吞饮作用关闭之后，有些大分子物质还可直接吸收，Xu 和 Wang(1996)认为，肠壁关闭后的这种大分子吸收过程是通过受体应答机制完成的。例如 3 日龄仔猪可主动吸收血清类胰岛素生长因子(IGF-I)，Schober 等(1990)表明新生仔猪小肠确实存在特定受体。仔猪 2 周龄时，更多的成熟细胞代替了胚胎样的肠细胞，更替后的肠细胞胞吞吸收能力相当低。细胞更替过程是沿肠道自前向后进行的，仔猪 6 日龄时完成前段肠道的细胞更替过程(Ekstrom 和 Westrom，1991)，此时后段肠道仍然可吸收大分子物质，到 4～8 周龄时肠道胚胎样细胞被完全更替，整个肠道的大分子吸收功能就完全终止。

(2)不同日龄仔猪胃的运动与排空方式明显不同。新生仔猪就有连续而微弱的胃运动，没静止期，以后运动强度增加，约10日龄出现2～4 min的静止期。随日龄增长，运动期逐渐缩短，静止期逐渐延长，2月龄左右接近成年猪。初生仔猪胃排空速度快，但随日龄增长逐渐变慢。据报道，仔猪胃完全排空的时间在3～15日龄约为1.5 h，1月龄为3～5 h，2月龄为16～19 h。排空时间与饲料种类有很大关系，从哺乳期至断奶后，排空时间显著增加。如30日龄大豆蛋白排空时间为24 h，而70日龄则需35 h。哺乳期如补料，排空时间明显延长。

(3)仔猪胃酸分泌功能的发育。初生仔猪消化器官发育不完善，胃液中缺乏游离盐酸。胃腺分泌的少量盐酸很快与胃黏液结合，所以用滴定方法不能测出游离盐酸。一般出生20 d后才开始有少量游离盐酸出现，以后随年龄增长而逐渐增加。哺乳仔猪胃液的杀菌性主要取决于其中游离盐酸的浓度，仔猪12周龄前消化道发育不完善，断奶时仔猪胃分泌盐酸的能力较差，28日龄断奶仔猪每天仅分泌等量于20 mL的盐酸。断奶后采食量增加，胃内pH不断升高，5 d内升至5.5～6.0，以后逐步下降，60日龄后才达到正常水平(pH＝3.0)，采食对pH的影响才会很小。空肠内容物pH，哺乳仔猪为5.8～6.0，断奶后9 d内pH最高(可升至8.03)，以后逐渐下降至正常水平(pH 5.5～6.0)，见图7-3。

胃酸主要作用是维持胃肠道酸性环境和消化酶正常活性及抑制有害菌增殖。胃蛋白酶消化的最佳pH为2.0～3.5，大约在pH＝4时就抑制胃蛋白酶的活性。其实胃内pH过高会导致胃中多种酶原(胃蛋白酶、凝乳酶及乳糖酶等)致活能力减弱，使仔猪对日粮蛋白质等各养分的消化利用能力降低。胃酸分泌不足还可引起胃排空加快，大量未经消化的饲料涌入小肠，导致仔猪消化吸收不良、炎症和拉稀。

仔猪生后6周龄前胃酸分泌不足；胃中pH偏高，对胃中酶原

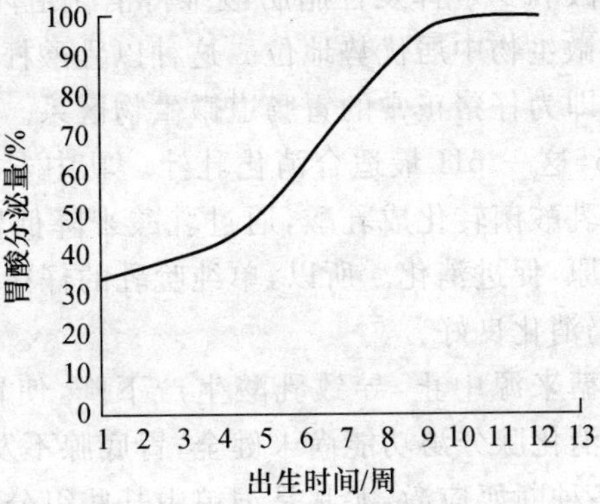

图 7-3　仔猪胃酸分泌量的增加

的激活效果差，影响养分消化。至 12 周龄其胃酸分泌仍难抵消饲料中酸中和力较强物质的影响；哺乳仔猪胃内酸性环境主要靠母乳中乳糖发酵产生的乳酸来维持，而盐酸分泌很少，直至断奶后 3～4 周，盐酸才占胃内总酸度的 50%，60 日龄后才能接近成年猪水平。早期断奶和采食可有效刺激胃的发育，促进盐酸分泌。

不同日龄仔猪的胃内 pH 见表 7-3。

表 7-3　不同日龄仔猪的胃内 pH

日龄	pH	日龄	pH
10	4.16±0.45	40	3.20±0.53
20	4.42±0.18	50	3.79±0.69
30	4.29±0.34	60	2.84±0.38

哺乳仔猪通过乳酸杆菌将母乳中的乳糖转化为乳酸以维持胃肠道酸性环境，高浓度乳酸抑制盐酸分泌。新生仔猪胃液缺乏盐酸，胃对食物的消化作用很小，食物主要在小肠内靠胰液和肠液消化。母乳含大量乳糖，正常情况下，哺乳仔猪主要是靠母乳中乳糖

发酵产生的乳酸和少量挥发性脂肪酸维持消化道内酸度，保证乳酸杆菌在肠道微生物中居优势地位。这种以乳酸杆菌占优势的肠道微生物区系即为仔猪正常的胃肠道微生物区系。哺乳仔猪胃中的 pH 在 4～5，这一 pH 最适合消化乳汁。乳中丰富的乳糖极易被胃肠道中的乳酸菌转化成乳酸，通过乳酸来降低胃肠道 pH，从而激活消化酶原，促进消化。所以，单纯吮乳的仔猪胃酸分泌能力尽管很弱，但仍消化良好。

断奶后乳糖来源中止，导致乳酸生产下降，使胃内总酸度降低。这时仔猪消化腺分泌功能尚未健全，胃底腺不发达，盐酸分泌仍很少，加之各种断奶应激，尤其是饲粮中某些组分如鱼粉、豆粕、矿物质等酸结合力（即系酸力）高，采食后胃内 pH 很快升高，这在断奶第 2 天表现尤为明显。早期断奶仔猪胃肠道 pH 升高与乳酸杆菌减少互为因果，相互促进，导致恶性循环，大肠杆菌增殖进一步抑制乳酸杆菌。生产中，仔猪早期断奶后 5～7 d 为腹泻高峰期，这与其胃肠道菌群和 pH 变化规律（表 7-4）一致。

表 7-4 断奶仔猪胃肠道 pH 的变化

胃肠道	断奶后天数/d			
	0	3	6	10
胃	3.8	6.4	6.1	6.6
十二指肠	5.8	6.5	6.2	6.4
空肠	6.8	7.3	7.3	7.0
回肠	7.5	7.8	7.8	8.1

注：Makkink et al，1994。

通常仔猪料的 pH 在 5.8～6.5，这不利于饲料中蛋白质的消化，而有利于病原微生物滋生（各种病原菌如大肠杆菌、沙门氏杆菌、梭菌等适宜的生存环境为 pH＝6.0～8.0，见图 7-4）。尤其是对刚断奶的仔猪，采取适当措施保证胃内一定酸度而抑制非乳酸杆菌繁殖，对维持胃肠道正常的微生物区系极为重要。所以，日粮中应选用酸结合力低的原料，特别要控制碱性饲料的用量，并在日粮中添加外源酸；仔猪断奶后日粮中添加含乳糖成分物质如乳清粉等乳制品也是公认的有效手段之一。

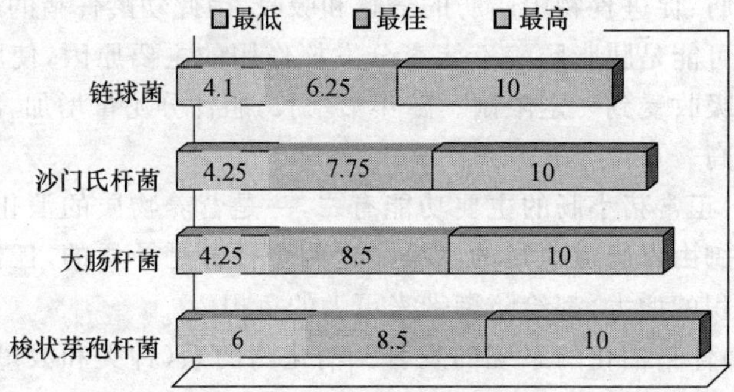

图 7-4 微生物生长所需要的 pH

碳酸钙（石粉）具有极强的酸结合能力，如果日粮中石粉含量高，会明显降低仔猪胃肠道抵抗力及生长性能。所以实践中可以采用甲酸钙、乳酸钙或柠檬酸钙代替石粉，效果很好。研究表明，用于仔猪骨骼沉积的钙在日粮中的浓度为 0.87％时效果最佳，因此日粮中钙含量应限制在 0.87％。肠道酸度足够即可，过多加酸无效，而且影响饲料适口性。

（4）在胃液缺乏盐酸的年龄性机能不全期，仔猪胃内消化作用很小，食物主要在小肠靠胰液和肠液消化；随年龄增长，胃消化机能逐渐完善，胃对饲料的消化作用才较为重要。仔猪消化道中的凝乳酶可凝结酪蛋白，延长其消化道停留时间，同时凝乳酶还可连同胰蛋白酶水解乳蛋白。随仔猪日龄增长，采食固体食物，消化道中凝乳酶活性下降，胃蛋白酶活性增强。新生仔猪可从初乳获得一种抗胰蛋白酶因子，它保护免疫球蛋白不被分解，以大分子形式被仔猪吸收。

(5)出生时仔猪胰腺已发育完全,并能分泌一定数量的碱性胰液,其中的淀粉酶和乳糖酶活性较高。

(6)初生仔猪虽有胆汁分泌,但分泌量很少,出生后 3 周内胆汁分泌量缓慢增加。胆汁中的胆酸盐是胰脂肪酶的激活剂,并能乳化脂肪、促进食物中脂肪的分解和吸收,因此幼龄仔猪的胆汁分泌量少可能是胰脂肪酶不能充分发挥作用的主要原因,使脂肪的消化和吸收受到一定限制。随年龄增长,胆汁分泌量增加,脂肪消化率提高。

(7)正常猪小肠的主要功能有二,一是营养物质的消化吸收,二是防御由胃肠道途径的感染。这两个任务是矛盾的,任何消化吸收面积的增大,都给防御带来更大的负担。

(8)仔猪消化酶系统的发育。消化酶酶系(种类和数量)和肠道形态在很大程度上反映了仔猪对各种养分的消化能力,仔猪消化道中酶活性的变化,见图 7-5,这是设计仔猪日粮的理论基础。

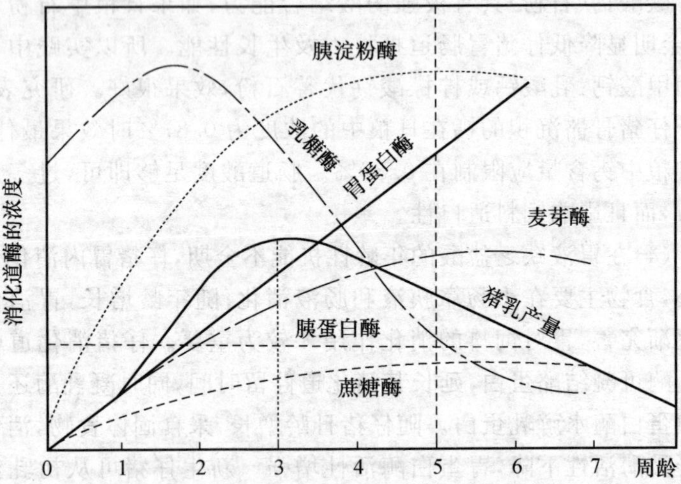

图 7-5 仔猪出生后体内消化酶的变化

(来源:张宏富,顾宪红等,2001)

仔猪生后第 1 周,乳糖酶活性最高,其次是脂肪酶(母乳中含脂肪约占干物质的 40%),而胃蛋白酶、胰蛋白酶和胰淀粉酶的活性较低,适合对母乳所含养分主要是乳糖、脂肪和蛋白质进行消化,对各种养分的真消化率接近 100%,母乳主要在小肠内消化吸收。断奶前乳糖酶是肠道中的优势酶,所以哺乳仔猪可以很好地利用乳汁中的乳糖来提供能量。

乳糖酶活性在 8 周龄前逐渐减弱;胃蛋白酶、胰酶(胰蛋白、胰脂肪、胰淀粉酶)的分泌量和活性逐渐增加,在 3～4 周龄达高峰后很快下降。仔猪 3 周龄时消化酶含量通常只有成年猪的 30%,4 周龄时胰蛋白酶和淀粉酶的含量也只占成年猪的 55%和 35%。4 周龄仔猪断奶后 1 周内各种消化酶活性降低至断奶前的 1/3,经过 1～2 周恢复后才重新增加。35～40 日龄,蛋白酶表现出消化能力,仔猪才可大量地利用植物性饲料,8 周龄后消化道酶系统趋于正常水平。

从消化碳水化合物的酶来看,初生仔猪消化道内乳糖酶的活性就很高,仔猪出生后乳糖酶分泌量逐渐上升,3～4 周龄达到最高峰,此后迅速下降。一般在 3～4 周龄时断奶,消化酶还没达到充分活性。1～8 周龄的吮乳仔猪乳糖酶总活性仍保持稳定。胰腺和小肠中淀粉酶的活性在 0～4 周龄增加。

小肠中麦芽糖酶和蔗糖酶活性在出生时很低或几乎没有,而在 1～3 周龄时增加,3～4 周龄后小肠中麦芽糖酶和蔗糖酶活性保持较高,持续增加到 8 周龄。这种变化趋势表明,仔猪碳水化合物酶的种类和数量从以消化高乳糖的母乳为主,逐步向以消化淀粉类日粮为主的方向转化。

仔猪胰腺分泌脂肪酶及磷脂酶和胆固醇酶。在仔猪哺乳前,胰脂肪酶的活性很低,哺乳后活性迅速增加,此后,不论在仔猪的哪一个发育阶段脂肪酶活性都很高,所以,仔猪对脂肪的消化吸收一直比较高,哺乳期仔猪对乳脂肪的吸收率达 80%以上。胰脂肪酶和肠脂肪酶的活性随年龄增加而增加，在 4 周龄达到高峰。

21 日龄前胰淀粉酶分泌很少，麦芽糖和蔗糖酶活性很低。仔猪断奶由母乳转变为含淀粉的日粮后，淀粉酶活性提高，生长至 8 周龄淀粉酶的分泌量一直增加。第 3、4 周时乳糖酶的活性降低一半，而淀粉酶和蛋白酶的活性上升。3～8 周龄是仔猪胃肠道和酶系统发育高峰期，仔猪在断奶（4 周龄）前，随着周龄增加，胃、肠、胰腺中消化酶活性成倍增长，但早期断奶对大多数消化酶活性的增长有抑制作用。

仔猪各种消化酶活性的变化表明，3 周龄前仔猪消化能力有限，由于酶分泌不足和消化道发育不成熟，不能充分利用植物性饲料，日粮中必须含大量动物性的乳制品和优质鱼粉等。

(9)仔猪胃肠道消化酶系统的营养调控。目前植酸酶有单一酶产品，其他饲用酶制剂多是含多种酶的复合制剂，用于弥补仔猪胃蛋白酶、胰脂肪酶、淀粉酶、蛋白酶等消化酶的不足，保持正常消化吸收功能，促进仔猪生长。复合酶制剂用于仔猪日粮的主要功能有四个方面：①促进饲粮消化吸收，并且有特殊诱食作用，明显促进仔猪食欲和生长；②有一定的消炎、防止腹泻和改善消化系统功能的作用；③防止和减缓仔猪的断奶应激及环境应激反应；④改善仔猪日增重和饲料利用率。

消化道 pH 影响酶的活性。饲用酶的作用条件必须与消化道生理条件相适应，酶活性具有其最适 pH 范围。猪和家禽消化道的正常温度为 40℃左右，猪胃 pH 1.5～3.5，小肠 pH 5～7，大肠 pH 近中性。通常最佳作用条件真菌或霉菌酶是 pH 3～6，细菌酶 pH 5～8，霉菌植酸酶 pH 2.5～5.5。外源酶进行催化作用也有一作用范围，比如胃蛋白酶在 pH 6～7 时很快失活，而在 pH 为 1 时却十分稳定。一种酶不可能同时适应跨度较大范围的 pH 变化，要使添加外源酶在湿喂过程中全部发挥作用，则要采取保护措施，使复合酶体系中某一类或某一种酶耐受酸性环境而达到期望作用点，以保证酶在消化道的各个部位发生作用。

酶对底物发挥最大活力的浓度与酶和底物的浓度有关，所以必须通过实验和借鉴国内外先进方法选择最佳添加量，以充分发挥酶的效率，过量或不足都无益。

饲料组成影响酶制剂的添加效果。饲料中存在一些饲用酶制剂的抑制剂，它们阻碍酶制剂作用，这些物质有无机的和有机的两大类，有机物如植物凝集素、NSP 等大分子有机物，它们通过与酶制剂结合等方式使其活性降低；无机金属离子如 Cu^{2+}、Hg^{2+}、Ag^{+}、Fe^{2+}、Al^{3+} 等对一些酶制剂的作用有不同程度的抑制，从而干扰其应用效果。但一些组分如 Zn^{2+}、Ca^{2+}、Mg^{2+} 对酶制剂有激活作用，从而增强酶制剂的应用效果；饲用酶制剂的应用效果还与底物浓度有关。

7.3 猪肠道免疫功能的发育

仔猪自身免疫系统生后逐渐发育形成主动免疫。抗病力是仔猪生存的基础，而生后 1 周是仔猪的死亡高峰。由于饲养密度增加，遗传改良，生存环境变劣，活猪流通频繁，饲料中大量添加抗生素和药物，这一方面导致猪免疫力下降，另一方面导致病原毒力和变异增加，尤其是影响后来的生长性能。

疾病发生时，采食量下降，日粮中的营养由瘦肉组织沉积转向支持免疫系统的代谢反应（即牺牲生长来抵抗病原）；急性应答蛋白合成也是炎性反应的重要部分（比如，补体激活溶解细菌），但这造成机体蛋白质合成的额外需求。由此看出，研究免疫营养学非常重要。

（1）如果母猪抗体（免疫球蛋白，Ig）不能进入胎儿体内，初生仔猪就没有获得性免疫保护；仔猪生后免疫系统结构和功能不成熟，必须依靠母猪初乳和常乳中的抗体获得被动免疫。仔猪对免疫球蛋白的最大吸收在生后 4～12 h,随后很快下降,生后 48 h 肠道完全关闭,这对阻止自然界病原大分子进入仔猪体循环有重要意义。初乳中的淋巴细胞能经肠道转入仔猪体内,再经淋巴管转运到肠系膜淋巴结中并增强仔猪免疫力。

初乳抗体能维持多久?初乳中抗体的半衰期为 14 d 左右。

(2)仔猪非特异性免疫系统的发育。仔猪的非特异性免疫反应是先天性的。仔猪出生时已有免疫细胞,但开始不具有杀灭细菌的能力,需要分化成熟。仔猪非特异免疫系统的发育成熟和建立,至少应在 7～14 日龄后才能完成。

(3)仔猪的特异性免疫系统的建立。许多细胞和介质参与特异免疫反应,B 淋巴细胞和 T 淋巴细胞是参与这一过程的主要细胞介质。仔猪主动免疫包括黏膜免疫和血液免疫两方面。黏膜免疫系统产生白细胞介素和对分裂原反应的功能在 3 周龄才逐渐成熟,8 周龄开始所有免疫指标均达成年值。仔猪肠道免疫系统要到 4～7 周龄时才基本发育成熟。

断奶应激会降低仔猪体循环抗体水平,抑制细胞免疫能力。与吮乳仔猪相比,2～3 周龄以前断奶才表现显著的免疫抑制,而 5 周龄断奶的仔猪与吸吮母乳的仔猪比较,免疫力没有差异。

被动免疫与主动免疫的关系。仔猪生后 12 h 内摄入的初乳免疫球蛋白(IgG)数量与仔猪 8 周龄时合成免疫球蛋白的水平呈反比,这一主动免疫抗体的产生受到被动免疫抗体所抑制的现象在免疫学上非常重要。

(4)3 周龄仔猪抗病力最差。仔猪自吃初乳被动免疫过渡到自身产生抗体的主动免疫,21 日龄是免疫球蛋白青黄不接的阶段,同时胃液内又缺乏游离盐酸,对随饲料、饮水等进入胃内的病原微生物没有消灭和抑制作用,因而此时仔猪易患消化道疾病。

一般来讲,仔猪自身免疫系统在 3 周龄后才逐步开始建立,且速度较慢,仔猪主动免疫要在 4～5 周龄才开始产生大量免疫球蛋白(lgG),约在2月龄才真正发挥主动免疫。仔猪在未充分形成主动免疫前从母体获得的免疫功能逐渐减退,3周龄左右形成"免疫空白期"(图7-6),所以仔猪免疫能力最差,而早期断奶也是在21日龄,这就如同雪上加霜。

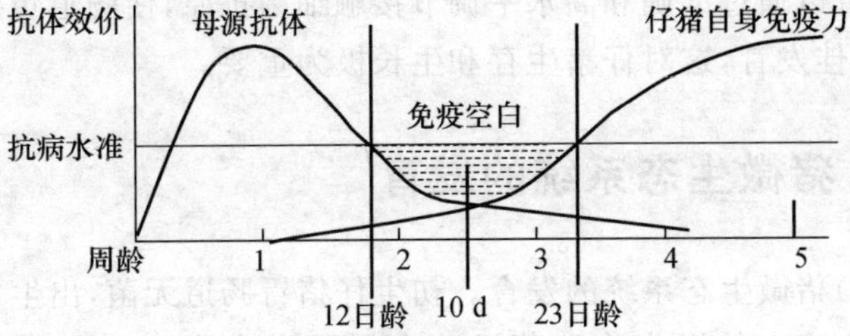

图7-6 仔猪早期的免疫空白期

(5)营养与疾病间存在密切联系,动物营养状况影响机体免疫功能和抗病力,机体健康状况又影响动物营养需要模式,"营养免疫学"的诞生与发展为解决动物生产中的疾病问题提供了新的思路。配方师需要掌握营养对免疫的作用,营养才是猪免疫力的物质基础。

日粮配方和成分对保育仔猪非常重要。设计断奶仔猪日粮时需考虑胃肠道的发育以及日粮和肠道正常菌群之间的相互作用,因为消化、吸收过程和微生物对饲料成分的处理在满足断奶仔猪维持需要、生长发育和胃肠道健康方面有重要作用。可以降低病原微生物在肠道上皮黏附,增加仔猪免疫力的饲料原料主要有:喷雾干燥血浆蛋白粉、预防和治疗性卵黄抗体、n-3多不饱和脂肪酸、抗菌素、益生素原(寡糖)、维生素A、维生素D、维生素E以及硒等。

仔猪肠道黏膜免疫与营养调控仍有许多问题没解决,如肠道如何识别病原菌和正常菌群?在健康和患病动物个体,肠道正常菌群如何影响先天和适应性免疫系统的功能?肠道受病原菌感染并发生炎症后,肠道营养物质的利用途径如何改变?在肠道功能发挥以及肠道损伤修复中,哪些营养物质起主要作用?对断奶仔猪的营养调控需要明确肠道黏膜免疫机理。

(6)在获得母源抗体的被动免疫保护下,肠道及其相关的免疫系统,可以通过准确和高水平调节接触细菌抗原,使肠道免疫系统得到最佳发育,这对仔猪生存和生长极为重要。

7.4 猪微生态系统的发育

(1)猪微生态系统的发育。初生仔猪胃肠道无菌,出生后几小时,一个庞大的微生物群落迅速在胃肠道中形成。出生后 24 h 内,在空肠、回肠、盲肠和直肠就定植了双歧杆菌、大肠杆菌、乳酸杆菌、消化球菌、类杆菌、小梭菌、真杆菌和酵母菌等,以前 5 种占优势。乳酸杆菌在出生 48 h 构成优势菌丛。到 8～22 日龄,肠道微生物区系逐渐形成相对动态平衡、稳定的微生态系统。

肠道固有菌群对仔猪生长、发育、营养、免疫和抗感染等非常重要。总的来讲,对仔猪生长有抑制作用,对外来细菌有颉颃作用。可通过调控胃肠道微生物区系,减轻对生长抑制作用的内部屏障。哺乳期仔猪胃内微生物以乳酸杆菌为主,肠道乳酸杆菌占一定优势,有助于肠道健康。可通过增加胃肠道酸度、减少细菌摄入量和维持饲料稳定,以增强乳酸杆菌的生长繁殖,强化其主导地位。

(2)仔猪肠道微生物区系。仔猪肠道微生物可分为 3 类:①共生细菌,为厌氧菌,是肠道的优势菌群(＞90％),包括球菌、丙酸菌、乳酸菌及双歧杆菌等,有营养及免疫调节作用。这类细菌将复杂的碳水化合物(纤维素或非淀粉多糖)发酵成乳酸或挥发性脂肪酸(如乙酸、丙酸)。乳酸在肠道形成酸性环境,抑制其他致病菌,但乳酸堆积多也会刺激肠道蠕动,使肠道内容物排空加快。②机会性细菌约占10%，包括无病原性的大肠杆菌、链球菌及肠球菌等。这些机会性细菌视肠道环境而改变停留在肠道的数量及时间。这是一类条件致病菌，与宿主共栖，以兼性需氧菌为主，为肠道非优势菌群，在肠道微生态平衡时无害，在特定条件下有侵袭性。③致病菌含量极少(<0.01%)，包括梭菌、葡萄球菌、伪单胞菌、病原性大肠杆菌、曲型菌及部分真菌。这类菌群多为过路菌，长期定植机会少；微生态平衡时，这些菌数量少，不致病，数量超常则致病；它们消耗宿主能量，其发酵产物(如氨气、H_2S等)对宿主有害。

小肠肠液流量大，足以将细菌在繁殖前冲到远端回肠和结肠，十二指肠和空肠相对无菌($0\sim10^5$个/mL)，主要菌种是革兰氏阳性的需氧菌，包括链球菌、葡萄球菌和乳酸杆菌。远端回肠中革兰氏阴性菌开始超过革兰氏阳性菌，常存在大肠菌类和厌氧菌，含菌浓度$10^3\sim10^7$个/mL。通过回盲瓣，细菌浓度剧增百倍以上，达$10^{10}\sim10^{12}$个/mL，厌氧菌是需氧菌的$10^2\sim10^4$倍，主要是拟杆菌、真杆菌和双歧杆菌以及厌氧的革兰氏阳性球菌，正常结肠中主要菌群在一段时间内保持稳定状态。

(3)仔猪肠道微生态系统的生理意义。动物是由动物真核细胞和细菌原核细胞构成的综合体，微生态系统是除骨骼、肌肉、神经、附属(皮、毛、指或趾甲)、淋巴(免疫)、呼吸、消化、内分泌、心血管、泌尿、雄性和雌性生殖系统之外的第十三个生理系统(Morieb,1995)。

肠道微生态系统的作用主要有以下5个方面。

营养作用：盲肠中的微生物菌群包括双歧杆菌、乳杆菌、真杆菌和大肠杆菌等，能产生消化酶，分解纤维素，合成多种蛋白质、氨基酸与维生素供宿主利用；肠道微生物还可明显促进亚油酸吸收，促进胆固醇向类固醇转变及胆汁酸脱饱和、脱羟基等正常生理代谢过程，同时还参与一些药物或毒物在体内的代谢；代谢产酸，酸化肠道环境、活化酶系统和抑制偏碱性有害微生物。

抗病作用:胃肠道正常微生物的抗病作用主要包括:①竞争性排斥,作用机理是,胃肠道已存在的微生物和侵入的病原菌竞争肠黏膜上的黏附位点。②产生抗菌物质如细菌素、有机酸及过氧化氢等。有些胃肠道正常微生物能分泌一类选择性作用于细菌靶细胞的抗菌物质——细菌素,多属于多肽类且有水溶性,并在较低浓度时就有活性,在肠道中抑制有害菌生长繁殖。

抗肠毒素作用:某些病原菌分泌的肠毒素会与肠黏膜上的受体结合,不仅妨碍正常微生物与受体结合,还导致体液丢失,但这种肠毒素可被胃肠道正常微生物所中和。其次,抑制有害菌生长,例如胃肠道内的双歧杆菌能使过度增殖的革兰氏阴性菌,特别是肠杆菌科和梭形芽孢杆菌数目降低到正常水平,从而减少内毒素释放量,降低引发败血症的风险。

免疫作用:益生菌能促进机体免疫器官生长发育、成熟,包括B细胞、T细胞、M细胞及吞噬细胞、体液免疫、细胞免疫、产溶菌酶细胞等,提高抗感染能力。胃肠道中的双歧杆菌对巨噬细胞有明显激活作用,它在肠道的定植,一定程度上相当于自然自动免疫,可诱发机体特异反应。乳酸菌可能有利于仔猪免疫能力发育,有利于断奶仔猪抵御外来抗原引起的炎症反应。

影响黏膜免疫:胃肠道菌群能促进胃肠道黏膜细胞发育和成熟;乳酸菌还能够加速胃底腺盐酸细胞增殖,促进增殖的胃腺发育、促进十二指肠肠绒毛高度增加。肠黏膜菌群还有屏障作用,抵御病原体侵袭。胃肠道内的某些微生物,主要是革兰氏阳性杆菌和球菌,能与肠黏膜密切结合,在肠黏膜的某些部位形成一层菌膜,构成一个生物学屏障,有效阻止致病菌的定植和入侵(即抗细菌移位)。

(4)影响猪微生态系统稳定性的因素。主要有疾病、应激和日粮。健康猪整个胃肠道内,乳酸菌、乳杆菌、双歧杆菌等是主要微生物，而链球菌、肠杆菌、消化链球菌和韦荣氏菌数量极少或不存在，拟杆球菌属细菌只在大肠中极少量存在，梭菌、葡萄球菌、酵母菌和霉菌基本上不存在（高巍，2001）。

产房环境是塑造新生仔猪胃肠道菌群的主要因素。通过饮食（包括补充益生菌）调节母猪的胃肠道菌群可以部分地、成功地调节仔猪的肠道菌群，它们的早期生存和断奶前后的仔猪性能。然而，这种策略往往被许多生产者忽略。

早期断奶仔猪因胃肠道发育不健全，难以适应断奶后包括环境、饲料和心理等方面的巨变，导致胃肠道原来稳定的微生物区系间的平衡被打破，引起仔猪严重腹泻。在断奶饲料中提供微生态制剂，可保持或重建最佳的仔猪肠道共生菌群，抵抗断奶应激引发的暂时性厌食。

胃肠道微生物群落的稳定除受胃肠道内生态环境（包括氧化还原能力、养分可利用性、pH 以及微生物种群之间相互影响等）和外界环境（如温度和湿度，可通过影响过路菌和固有菌的滋生而扰乱胃肠道固有的微生物群落）影响外，日粮成分如纤维含量也不可忽视。改变日粮中的纤维数量可以调控胃肠道微生物群落结构，如高纤维日粮显著增加动物胃肠道中的纤维分解菌数目。日粮中的可溶性纤维主要存在于谷类（包括小麦、大麦和黑麦）中，能抵抗肠道中的微生物酵解，可像海绵一样吸纳水分，有助于增加粪便体积和预防便秘。日粮中的不可溶性纤维会被结肠菌群酵解，因而不能吸收水分和增加粪便重量，但结肠能与可溶性纤维酵解产物特别是短链脂肪酸互作，所以添加不同种类及比例的纤维可改善机体健康。

哺乳仔猪的 10 种重要疾病分别是：大肠杆菌病占 45.2%；链球菌病占 29.8%；渗出性皮炎占 25.9%；PRRS 占 10.7%；仔猪红痢占 9%；球虫占 8.6%；轮状病毒病占 5.7%；传染性胃肠炎占 3.2%。据调查，仔猪因腹泻死亡占仔猪死亡总数的 39.8%。近年来，我国仔猪腹泻十分普遍，据报道，30 kg 以下的仔猪，全年平均发病率 46.5%，死亡率 10.3%。在养猪业较发达的国家如美国，仔猪断奶前死亡率约 15.5%，荷兰 11.5%～14.2%。

尽管仔猪腹泻种类繁多，但是细菌性腹泻仍然是主角，尤其是大肠杆菌病，几乎占整个腹泻类疾病的 50%，因此只要预防控制大肠杆菌的感染就可以减少一半发病；而多数病毒性腹泻只要加强免疫和环境管理就会大大减少；因而解决仔猪腹泻的核心是控制细菌性感染。

仔猪日粮和微生态区系互作对仔猪消化道的生长发育有深刻影响。消化道酸度对控制仔猪消化道微生态平衡起主要作用，尤其是刚断奶的仔猪，采取适当的措施保证胃内一定的酸度或抑制非乳酸杆菌的繁殖以维持仔猪胃肠道微生态平衡极为重要。可在日粮中补充色氨酸、苏氨酸和氧化锌，尤其是氧化锌，高锌日粮显著改善仔猪肠道菌群，也能提高经济增长，但是不环保，不利于环境可持续发展。其他影响肠道内环境的因素还有外界环境因素、机体正常生理结构的健康状况、用药、中毒、感染、消化道疾病、管理等。

(5)断奶对肠道微生态平衡的影响。断奶饲粮改变引起断奶仔猪胃肠道微生物区系变化。仔猪断奶时胃肠道内 pH 上升，使乳酸杆菌数量减少，大肠杆菌数量增加，微生物区系平衡破坏。同时胃肠道内产酸的乳酸杆菌数量减少，又会导致胃肠道内环境 pH 升高。与哺乳仔猪比，14 日龄断奶仔猪胃肠内容物 pH 高，直肠粪便中大肠杆菌数量多，乳酸杆菌数量少。可见胃肠道微生物区系和 pH 间互为条件，断奶造成不良循环不利于仔猪健康。

菌群失调对动物免疫的影响。菌群失调是指肠道正常菌群的种类、数量和比例发生异常变化，偏离正常的生理组合，转变为病理性组合状态。临床上以腹泻为最明显症状，肠黏膜损伤降低黏膜免疫功能。

断奶后腹泻的主要原因一般认为不是病毒，但病毒可加剧腹泻。由小肠内细菌性肠毒素引起的腹泻常是水样的和碱性的，例如大肠杆菌引起的分泌性腹泻，这是断奶后腹泻常见的间接病因。与肠道上皮细胞和刷状缘功能的损伤有关的腹泻，粪便呈酸性和松散状，例如轮状病毒性腹泻或肠道致病性大肠杆菌的渗透性腹泻。如果大肠有受到感染之处，粪便中常带有黏膜，如果组织受损，粪便中会出现新鲜血液，例如仔猪下痢。如果肠道上段出血，则会出现黑焦油样的粪便，例如胃底部溃疡。

(6)猪微生态系统的营养调控。通过饲料营养调控仔猪肠道的微生态系统是非常重要的技术。一般可以通过如下几个途径调控。

1)微生态制剂(又叫活菌制剂、益生素)，是指摄入动物体内后参与肠内微生态平衡，对肠内有害微生物有抑制作用，或通过增强非特异性免疫功能来预防疾病，从而间接地促进动物生长和提高饲料转化率的活性微生物培养物。

常见的活菌制剂有好氧菌，兼性厌氧菌和严格厌氧菌，其中严格厌氧菌能在肠道大量繁殖，产生大量产物，主要是有机酸，这类活菌制剂对肠道微生物影响最显著，作用效果最明显。

外源微生物数量本身不直接影响肠道内微生物数量级。外源微生物进入肠道，在正常肠道环境下，由 10^6 增殖到 10^8～10^9 这样一个数量级。这个数量级并不能直接影响肠道总菌群的变化。特别是相对于结肠来说，其总菌数也不过是微生物总数的1/100～1/1 000，对于肠道微生物总体平衡并没有大的贡献。

外源微生物的武器只能也只有代谢产物。微生物利用自身的代谢产物，来抑制其他竞争者，从而获得有利地位。①产酶，提高肠道二次消化；②产酸，改善肠道 pH 环境，进而影响微生物平衡；③产细菌素，对特定有害菌产生显著抑制；④产其他营养物质，提高仔猪健康。

2)日粮中添加酸化剂可增加仔猪胃内酸度，刺激胃消化酶活性，抑制有害菌，促进仔猪生长。

酸化剂作用机理有不同观点:①降低日粮 pH,使胃内 pH 下降,促进无活性胃蛋白酶原转化为有活性的胃蛋白酶。②日粮中添加酸化剂可减慢胃排空速度,减轻小肠负担,提高日粮适口性,增强机体各免疫器官的活动,降低机体的紧张度。减慢胃排空速度还增加蛋白质的胃内消化时间,提高其消化率。③酸性条件有利于乳酸菌繁殖生长,对大肠杆菌等有害微生物繁殖生长有抑制作用,改善胃肠道微生物区系平衡,促进有益菌的增殖。肠道中的乳酸杆菌能产生过氧化氢,对其他微生物有灭菌作用。因此胃抵抗大肠杆菌侵扰的作用可能部分依赖于胃内酸性条件及乳酸菌数量。④有机酸直接参与体内代谢,提高营养物质的消化率;一些有机酸可参与能量代谢或基团转换反应。如柠檬酸和延胡索酸都是三羧酸循环的中间产物,并转化为 ATP。乳酸是糖酵解最终产物之一,可通过糖异生释放能量,为特殊情况下的能源。⑤促进矿物质和维生素的吸收利用。⑥酸化剂还可以作为饲料的稳定剂和保护剂。

然而也有不同报道,认为:①有机酸只降低日粮的 pH 而不降低消化道的 pH、氯离子的浓度和后肠中产生的挥发性脂肪酸的数量,并且不能改变肠道细菌的数量。②酸化剂易和饲料中的碱性物质或者胆汁中和,失去酸化效果。破坏饲料中的维生素和矿物质。③在胃中释放过快,抑制胃酸分泌。④无法作用到小肠,无法杀菌。⑤腐蚀设备机器,或者本身容易吸湿、结块等。

为了克服上述问题,目前已有微胶囊酸化剂,最关键的是可以作用到后肠道,发挥强酸杀菌效果。客观地说,现在没有任何一个产品能完全替代抗生素,但是在抗生素被禁用之后,酸化剂就被普遍接受,尤其是抗仔猪下痢和促生长最重要。欧洲把持领先技术,目前脂质包被技术已被我国掌握并更进一步,使用更有效、更稳定的气味和流动性更好的树脂类材料制作微胶囊酸化剂,打破了欧洲的高垄断价格。

仔猪断奶后消化道内 pH 的变化见表 7-4。

在改善早期断奶仔猪的平均日增重、料肉比、腹泻率等生产技术指标方面，益生素和酸化剂配伍使用比益生素、酸化剂单独添加的效果好，说明益生素和酸化剂之间具有协同作用。

目前应用的有机酸主要有柠檬酸、延胡索酸、乳酸、苹果酸、戊酮酸、山梨酸、甲酸、乙酸和二甲酸钾等，无机酸化剂包括盐酸、硫酸、磷酸等；复合酸化剂是利用几种特定的有机酸和无机酸复合而成，能迅速降低肠道 pH，保持良好的缓冲值和生物性能。目前公认的有正效果的酸化剂种类主要有柠檬酸、延胡索酸、磷酸和甲酸钙、乳酸钙、柠檬酸钙。而丙酸、丁酸、苹果酸、盐酸和硫酸多无效或作用不明显或有害。

不同酸的电离常数不同。如柠檬酸、乳酸、甲酸和延胡索酸的电离常数(K)分别为 7.4×10^{-4}、1.4×10^{-4}、1.77×10^{-4} 和 3.6×10^{-5}。K 值大小是酸性强弱的标志。因此从理论上讲，酸处理无疑能降低饲粮 pH，降低程度与用酸量有关。

3)寡糖。目前用作营养调控剂的低聚糖(又称寡糖、寡聚糖、低聚糖、化学益生素、益生元)主要有果寡三糖(FOS)、甘露寡糖(MOS)和异麦芽糖(MO)等，生产中使用较多的是前两种。寡糖因其调节动物微生态平衡的作用与活菌制剂相似，所以称为化学益生素。寡糖是非微生物制剂，可促进肠道有益微生物增殖，改善仔猪免疫力和抗病力。这些物质的特点是耐热、耐压，稳定性好。寡糖可选择性地促进肠道有益菌增殖；还可结合病原细胞的外源凝集素，避免病原菌在肠道壁上附着，从而截断病原菌附着—繁殖—致病的感染途径，并携带病原菌排出体外，起到“冲刷”病原菌的作用。

4)抗生素可通过抑制或杀灭病原微生物、抑制有害微生物生长，维持胃肠道微生态平衡，从而减少仔猪腹泻。抗生素作用机理，一般认为是对胃肠道微生态的调控作用。抗生素有两个副作用,病原菌的抗药性和抗生素在动物体及产品中残留,所以限制和禁止饲料中添加抗生素为大势所趋。由于抗生素的替代产品尚未成熟,效果不稳,因此抗生素暂时还被用作饲料添加剂。使用抗生素时要注意添加剂量和配伍,严格遵照国家发布的《药物饲料添加剂使用规范》使用。

5)日粮组成、饲喂方式等对仔猪胃肠道的微生物区系也会产生一定影响。研究发现,高蛋白水平日粮会加剧肠道消化产物蛋白质的腐败分解,导致病原微生物繁殖,引发严重腹泻。而饲喂发酵碳水化合物可以显著增加肠道中乳酸杆菌和双歧杆菌的数量,纤维素含量增加则能降低回肠沙门氏菌数目。不过有关日粮营养水平、日粮结构、其他添加剂应用时,猪胃肠道微生物群落的变化情况,目前还缺乏系统深入的研究。

7.5 仔猪早期断奶

仔猪早期断奶是提高母猪生产力的关键技术之一,现代规模养猪业已把乳猪断奶日龄提至21～28 d,国外研究和推行的隔离早期断奶(SEW)已提早到7～14日龄。SEW饲养方案可见表7-5。

表7-5 SEW仔猪分阶段饲养方案

日粮类型	猪体重/kg	断奶日龄及用量/kg			
		7 d	14 d	21 d	24 d
SEW饲料	2.5～5.0	2.3	0.9	—	—
过渡饲料	5.0～7.0	2.3	2.3	—	—
阶段1饲料	5.0～7.0	—	—	1.8	0.7
阶段2饲料	7.0～11.0	6.8	6.8	6.8	6.8
阶段3饲料	11.0～23.0	22.7	22.7	22.7	22.7

据:Harmon 1998 从胚胎到出生再到断奶的整个过程,仔猪经历营养、心理和环境三方面应激。断奶时要经历离开母亲,从吸吮母乳转为采食配合饲料,日粮成分突变,仔猪消化系统的结构和功能不能适应,导致采食量下降,能量和蛋白质摄入远不能满足需要,这是断奶仔猪的最大应激。

(1)为什么要早期断奶。仔猪出生后生长强度很大,而母猪泌乳量在 7～10 日龄后就不能满足仔猪需要,仔猪生长曲线与母猪泌乳曲线间形成剪刀差,因此要早断奶。

早期断奶的优点。缩短母猪哺乳期,提高母猪繁殖率;母仔早分离还可防止母猪压死仔猪并减少仔猪感染传染病和寄生虫病的机会,有利于提高仔猪成活率,同时可提高栏舍利用率,并能提高生长期性能。

早期断奶的缺点主要是仔猪生长抑制。引起生长抑制的因素中营养因素最主要,具体表现为暂时性营养不足和食物改变引起的胃肠损害,以消化机能障碍和腹泻为其重要特征。

断奶是仔猪出生后遭受的第二次大应激。母乳含生长因子,可影响仔猪消化道发育,进而影响仔猪对养分的吸收利用;上皮生长因子可帮助胃肠道恢复损伤。断奶仔猪采食香味差、坚硬、营养成分不同的干饲料,且饲料中出现了母乳中没有的淀粉和纤维,很难立即适应。一般在断奶后 1 周,仔猪仅采食 1.5 kg 左右,体重增加很少或不增加。

有人用不喂料控制腹泻,得不偿失。饥饿会降低仔猪抗病力。断奶后要尽快采食,不能中断营养供给。断奶前补料要足,断奶后继续给断奶前的补料,最好是加水调制成稠料饲喂。

(2)断奶应激。国内大型猪场一般 3～4 周龄断奶。仔猪断奶后,一方面受到环境、心理和营养的应激,胰腺分泌各种消化酶的能力受到抑制;另一方面,由于仔猪断奶后胃肠道内 pH 升高,蛋白酶原等难被激活或活性降低,影响饲料消化,从而肠道内酶的数量和活力都下降。尤其是，仔猪断奶后食物由含乳蛋白、乳糖和乳脂为主的母乳转变为淀粉和植物蛋白为主的固体料，其成分差异很大，结果导致仔猪消化生理发生重大变化，仔猪消化系统所分泌的酶一时不能适应消化固体饲料的需要。断奶日龄越早，胰腺分泌各种消化酶的能力越差，断奶对仔猪消化系统造成的应激越大，仔猪恢复时间越长。一般，早期断奶仔猪在断奶后 2 周内对可溶性淀粉的消化利用有限，对不溶性淀粉则很难消化，导致仔猪常不能适应以植物为主的饲料，导致仔猪断奶后 1～2 周期间消化不良，生长受抑。

仔猪断奶前后代谢旺盛，相对生长强度大，单位代谢体重消耗的各类营养物质量大，而饲料采食量小和消化率低；这时免疫系统发育尚未完善，抗病力差。早期断奶导致的心理应激包括移走母猪，并窝或新环境；环境因素主要是保育舍温度；营养应激就是食物变化。在各种应激因素的综合作用下，仔猪早期断奶后常出现食欲降低、消化不良、饲料利用率低、免疫力下降、腹泻等现象，最终表现为生长抑制，即所谓的“仔猪早期断奶综合征”。

1)早期断奶会造成仔猪小肠形态结构和功能损伤，断奶后第 1 周肠黏膜损伤最严重，第 2 周开始恢复。这些变化导致肠道消化吸收不良，使未吸收的营养物质到达直肠时被微生物利用，产生甲烷、硫化氢等有害的物质，刺激肠蠕动加快，肠道渗透压升高，最后导致腹泻。

肠道是动物体内最大免疫器官，肠道损伤影响机体抗病力。此外，肠道损伤还严重影响胃肠营养化学感应（谭碧娥等，2013），影响仔猪食欲，造成恶性循环。

2)分泌胃酸不足。胃酸在消化过程中的生理功能是激活胃蛋白酶所需要的酸性环境，促进蛋白质膨胀变性，加速胃蛋白酶对蛋白质的水解，杀灭或抑制细菌生长等。初生仔猪胃酸分泌量少，且游离酸缺乏，一般从 20 日龄开始才有大量游离盐酸出现，以后随年龄增加,至少在 2～3 月龄时分泌才能接近成年猪水平。

3)消化酶对断奶的反应。断奶造成肠道损伤,小肠刷状缘细胞分泌消化酶的量也下降,引起仔消化道中各种酶活性在断奶后 1～2 周内下降,除胃蛋白酶外,其他几种酶(例如胰脂酶、胰蛋白酶、胰淀粉酶和糜蛋白酶)活性均有所下降,有的还低于断奶前水平,而肠脂肪酶、磷脂酶和胆固醇脂酶的活性一直保持很高。4 周龄断奶仔猪断奶后 1 周内,胰脂肪酶、胰蛋白酶、胰淀粉酶和胰凝乳酶等活性下降到断奶前水平的 1/3,除胰脂肪酶外其他酶经 2 周后恢复甚至超过断奶前水平。

仔猪断奶后不同消化器官的同一消化酶活性(尤其是淀粉酶)恢复速度不同,肠道组织消化酶活性恢复速度快于胰腺组织。有报道,21 日龄断奶仔猪在断奶后一周内,胰腺组织脂肪酶活性下降,而小肠内容物脂肪酶活性则升高,推测与采食有关。胃蛋白酶不受断奶应激影响,出生后随日龄及采食量增加而增加。

计成等(1997)研究表明,28 日龄断奶仔猪的胰腺、小肠内容物中淀粉酶、胰蛋白酶和胰凝乳蛋白酶的活性从 21～35 日龄均呈逐渐上升趋势(图 7-7)。35 日龄后下降,但随着进食刺激,酶活性会很快恢复并呈上升趋势。消化酶分泌不足与消化酶水平下降,再有断奶前后食物巨变,需要的消化酶谱差异较大,降低了仔猪对饲料中营养物质的吸收利用。

断奶会对仔猪胃酸分泌和各种酶活性发育过程产生阻碍作用,影响程度与断奶日龄密切相关。断奶后 12 h 内食糜中胃蛋白酶明显蓄积,随后降低,至 50 日龄前明显回升,但胃黏膜中胃蛋白酶活性降低幅度较小(或不降低)。胃脂肪酶活性在断奶时增加。断奶时大多数胰酶活性会降低,至少 2～4 周后才恢复或超过断奶前水平,胰酶活性降低的幅度及恢复所需的时间与断奶日龄有关。

断奶后仔猪小肠绒毛顶部细胞脱落加快而细胞生长减慢,引起绒毛萎缩;同时随采食刺激,腺窝生长加快,饲料蛋白抗原性过

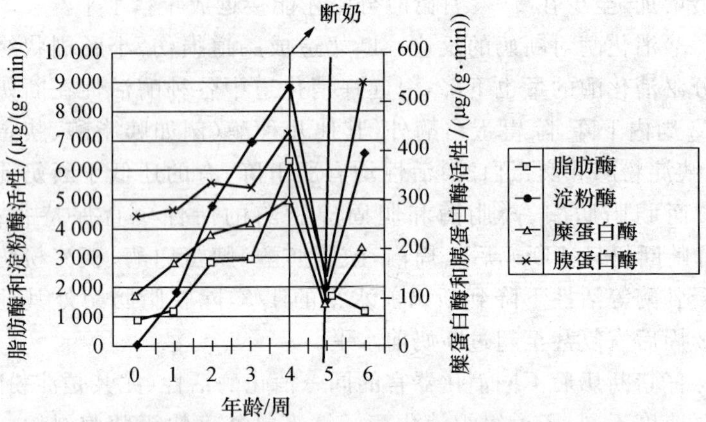

图 7-7　断奶对仔猪消化酶的影响

敏、微生物等因素都可导致腺窝加深。研究发现 21 日龄断奶后 24 h 内绒毛高度降至断奶前的 75%，随后缓慢下降直至断奶后 15 d(图 7-8)。小肠绒毛表面由高密度指状变为平滑舌状或叶状(图 7-9)，使绒毛刷状缘酶(如乳糖酶、蔗糖酶、异麦芽糖酶和 α-葡萄糖苷酶)活性降低，对 D-木糖、丙氨酸、葡萄糖和电解质溶液吸收能力降低。

小肠绒毛损伤和隐窝加深与断奶后的开食料有关，离开母猪和分栏也是主要原因。断奶越早影响越大，恢复越慢。根据 J. Mitchaothai(2010)报道，高钙并添加卵磷脂的日粮可能提高绒毛长度与隐窝深度之比。绒毛萎缩主要发生在小肠，大肠和胃完好无损。从日粮物理形态看，同一种日粮以糊糊状或液体形式提供时对绒毛的损伤程度小于颗粒料，28 日龄断奶后的仔猪如以全牛奶为日粮，则 5 d 后绒毛高度和隐窝深度不受影响。较高的葡萄糖吸收可以改善肠道绒毛和黏膜的营养。甜味剂可以增加肠道绒毛高度和隐窝深度，这就意味着甜味剂增加肠道吸收表面积和促进细胞更新。

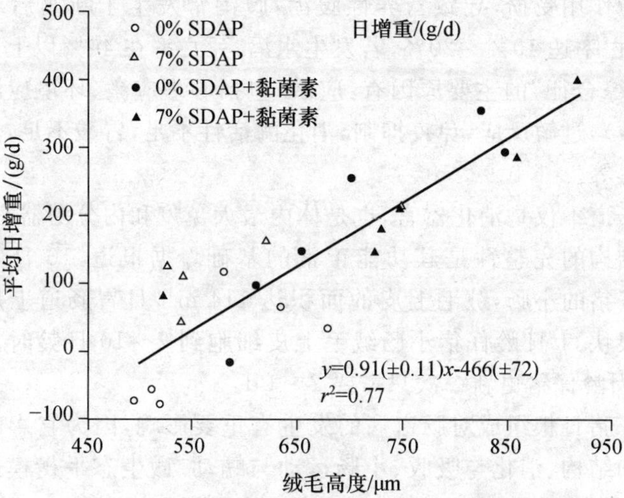

图 7-8 断奶仔猪日增重与小肠绒毛高度的相关关系

(Torrallardona et al, 2003)

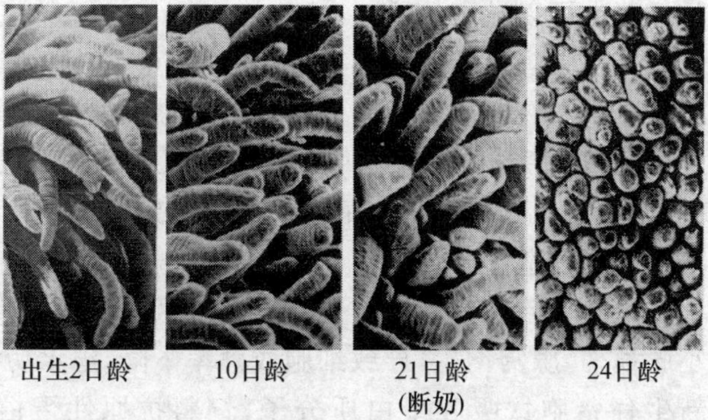

图 7-9 断奶后小肠绒毛的损伤

(3)断奶仔猪的营养性腹泻。营养水平严重影响仔猪肠道发育。由于断奶应激和饲料应激,仔猪肠绒毛形态急性损伤,胃肠道的屏障作用受损，导致营养性腹泻，腹泻常发生于断奶后 1 周左右，死亡率达 10%～20%，若发生水泻，死亡率在 40%以上。发生“断奶综合征”的主要原因有：应激(包括心理应激、环境应激和营养应激)，过敏反应，免疫抑制，消化酶活性不足，胃酸不足，小肠吸收障碍等。

肠道不仅是消化器官，也是体内最大免疫和内分泌器官，肠道形态结构的完整性是其功能正常的基础。据报道，10 日龄体重 3 kg 仔猪的小肠，绒毛上皮的面积达 114 m^2，且胃肠道上皮细胞更新很快，1 日龄仔猪小肠绒毛上皮细胞到 7～10 日龄时全部更新，3 周龄仔猪更新一次只需要 2～4 d。

仔猪日粮组成对肠道病的发生有重要影响，因为它影响小肠形态和结构、消化与吸收、小肠运动与蠕动、微生态平衡模式。例如非淀粉多糖(NSP)对于防止断奶后拉稀有一定作用。高蛋白日粮因在胃中有较高酸结合力，使得有害的大肠杆菌有机会逃避胃酸的杀灭而进入大肠定居。当然，过量的日粮蛋白质即使不考虑有害大肠杆菌也可以导致拉稀。

关于营养性腹泻机理，目前有以下几种观点。

1)断奶应激。在断奶应激中以营养应激最强烈，影响也最大。仔猪断奶后肠绒毛受损，消化和吸收受损，导致小肠下段养分过剩，致使栖居肠道的有害微生物菌群大量滋生繁殖，为腹泻等消化紊乱症状的出现创造了条件。

饲粮抗原性引起的过敏反应是营养性应激的根本原因。过敏反应使小肠损伤，腺窝增生，导致细胞成熟率下降，泌水功能增加。类似于新生仔猪胞饮吸收蛋白质分子，饲料抗原性蛋白也可被 3 周龄仔猪肠道直接吸收，而 6～8 周龄后则不能。所以植物性饲料中抗原蛋白可暂时性提高腺窝细胞生长速度、引起肠黏膜受损、绒毛萎缩，导致肠道对营养物质吸收不良，即抗原性过敏反应。影响断奶应激的因素主要有微生物、营养、环境、管理、个体差异。

肠道过敏→肠道损伤→养分消化率下降→微生态平衡破坏→腹泻

日粮蛋白质过敏性与饲料蛋白质种类有关。一般认为豆粕中的大豆球蛋白和 β-聚球蛋白是引起仔猪肠道发生局部过敏性免疫反应的主要抗原物质。对原料进行加工，如膨化可降低大豆产品的抗原性，降低仔猪过敏反应。断奶仔猪饲料蛋白质水平与进入大肠的蛋白质量和结肠蛋白质腐败产物产量之间显著相关。日粮中少加大豆饼粕即可避免仔猪胃肠道结构和功能损伤，但 8 周龄前添加仍会引起抗原性过敏反应。

换料对腹泻的影响与断奶前补料蛋白质种类和断奶后开食料蛋白质种类有关：当补料抗原性低，而开食料抗原性高时，断奶换料会导致腹泻；反之，用高抗原性饲料补饲，断奶后换成低抗原性饲料时，换料不会导致严重腹泻。因为仔猪断奶前补饲的作用取决于是否能够使仔猪获得达到免疫耐受水平的饲料采食量。达不到足够采食量时，不补饲比补饲好；达到足够采食量时，补饲比不补饲好；断奶越晚，补饲对腹泻的影响越小。不补饲时，断奶后宜用抗原性低的开食料。

哺乳仔猪补饲效果主要涉及三个方面：饲料、饲养与管理。也许仔猪之间存在变异，但是未见有关报道。饲料抗原性问题，主要对策除延迟断奶、加强饲喂外，就只有改善饲料。这是个两难的选择，补料中不含抗原，那么采食多少都不会使仔猪达到免疫耐受；补料中含抗原太高，则会立马导致仔猪拉稀。看来配方师只有折中，走中庸之道；尽管如此，还是涉及饲养和管理问题，环环相扣，缺一不可。

所以我们认为，应该在教槽料中添加适量豆粕，既不要引起仔猪肠道严重损伤，又要使仔猪尽早对抗原蛋白产生免疫适应，为断奶后尽早采食低成本的常规饲料奠定免疫学基础。

2)胃肠道内酸度(pH)下降。由于母乳含有大量乳糖，代谢产生乳酸，可以弥补仔猪胃酸分泌不足，肠道内酸度高时可以抑制病原菌生长(表 7-6)。

表 7-6 pH 对细菌生长的影响

细菌种类	pH		
	最低值	最佳值	最大值
肠炎杆菌		6.0～7.6	8.5
大肠杆菌	4.3～4.4	6.0～8.0	9.0～10.0
沙门氏杆菌	4.4～5.6	6.6～7.0	8.0～9.0
葡萄球菌	4.2	6.8～7.5	9.3

注：Johston，1991。

早期断奶使仔猪过早采食固体饲料，由于常规饲料一般不含乳酸且碱性也高，这使得胃内 pH 上升，造成两个后果：一是仔猪断奶后肠道内有机酸分泌量低，pH 升高会抑制乳酸杆菌增殖，激活大肠杆菌增殖，给病原菌繁殖提供合适条件；二是 pH 高导致胃蛋白酶活性和消化道中其他消化酶活性显著下降，使蛋白质消化率显著下降，造成小肠下段养分相对过剩，涌入大肠，大肠内蛋白质在细菌作用下发生腐败，生成氨、胺类、酚类、吲哚、硫化氢等腐败产物——大多是毒素，对仔猪有危害作用。这种危害之一就是肠道菌群平衡变化，反馈性地促进有害微生物大量繁殖、附着并产生毒素，毒素被积累和吸收后，进一步加重肠道损伤，引起消化功能紊乱：抑制吸收、刺激分泌，肠黏膜大量分泌体液和电解质，结果导致腹泻。

3)采食量降低，消化吸收受阻，肠绒毛上皮细胞的更新和屏障作用所依赖的营养不足，会损伤肠绒毛。断奶应激加速肠黏膜细胞凋亡，造成肠绒毛大量脱落，这就要求肠黏膜组织加速代谢合成新组织来维持正常消化和吸收功能，而这时仔猪采食量不足，不能满足肠黏膜上皮细胞更新的营养需要。肠道是体内最大免疫和内分泌器官，肠道营养不良或损伤都会抑制仔猪免疫功能发育。

4)在经历厌食后，仔猪常会暴食，增加肠道负担，也导致拉稀。养分消化率下降是腹泻的直接原因，肠道免疫性损伤是腹泻的根本原因，而微生物感染常是腹泻的继发原因，使腹泻加剧。

5)胃肠道菌群的变化：由于乳糖消失，乳酸来源中止，胃 pH 升高，使蛋白质不能被有效地消化吸收，消化过程生理失调。大肠中存在大量未被消化的蛋白质，导致肠道菌群区系失衡，从而为某些致病性大肠杆菌的增殖、附着和产生毒素创造了条件。

6)腹泻与体内电解质平衡有关。日粮电解质平衡可直接影响仔猪体内和消化道内电解质平衡。饲料平衡值在 250～400 mEq/kg 最好。结肠是吸收肠道中水和电解质的重要器官，尤其小肠发生疾病时。结肠受损将降低水的吸收功能。另外，结肠蛋白质腐败作用增加可使腐败产物增加，进而对结肠产生损伤和刺激，肠壁通透性增大，食糜渗透压升高，肠黏膜发炎，导致体内水流向肠腔，结肠吸收机能降低，液体分泌增加，粪中水分含量上升，导致腹泻。

7)因断奶造成采食量下降，或消化吸收能力降低，或饲料中缺乏矿物元素 Fe，或其他元素对 Fe 吸收的颉颃作用，可造成缺铁性下痢。

8)断奶后仔猪的体温调节能力还没发育完全，常导致冷应激，改变小肠运动，这是导致仔猪断奶后拉稀的又一重要因素。

一般在断奶后第 2 周仔猪开始适应，采食量开始回升。

仔猪断奶应激的机理可以总结如图 7-10 所示。

(4)断奶对仔猪免疫力的影响。断奶应激降低循环抗体水平，抑制细胞免疫能力。断奶应激对仔猪血清蛋白成分和血液生理指数均有不良影响。在白细胞分类计数中，嗜酸性白细胞和淋巴细胞的减少及嗜中性白细胞增加，既可作为机体抵抗力下降的标志，又是应激反应的典型变化，是早期断奶应激诊断的依据。

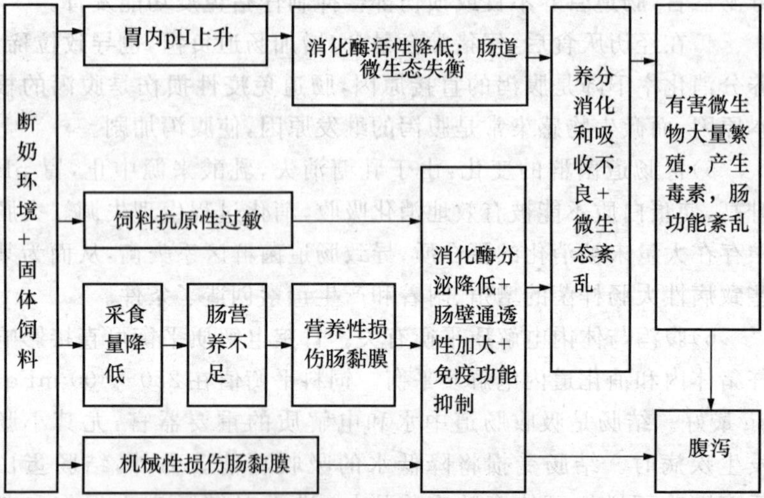

图 7-10　仔猪断奶应激性腹泻机理

环境不良或寒冷(8～12℃)条件下仔猪免疫力受抑制，对传染性胃肠炎的敏感性升高。

采食量低会严重影响早期断奶仔猪免疫能力。

肠道不仅是消化器官，也是体内最大的免疫和内分泌器官。早期断奶应激导致仔猪肠道损伤，特别是小肠，这使得肠道黏膜屏障受损严重，使仔猪的免疫力下降。

抗分泌蛋白(anti secretory protein，ASP)是一种能够抑制小肠液病理性分泌的蛋白质，对控制仔猪腹泻有重要作用。ASP于中枢神经系统合成后蓄积于垂体，再经血液与胆汁进入肠道，在小肠内吸收。由于母乳中富含ASP，因而哺乳仔猪血液中ASP活性较高，但断奶后饲喂普通补料后其活性即下降。饲喂能刺激ASP产生的饲粮，可改善仔猪生产性能并减少腹泻现象的发生，一般腹泻仔猪血液中ASP水平低于健康仔猪，外源使用糖及氨基酸纯品可诱发ASP的生成与释放，在断奶仔猪饮水中添加糖与氨基酸的混合物，可诱发 ASP 生成，显著提高断奶后第 1 周仔猪增重，同时发现，仔猪生产性能与血液中 ASP 活性呈现显著相关关系，而且由饲料诱发的 ASP 与其内源 ASP 具有相同抗分泌效应。ASP 可提高断奶仔猪日增重 22%～34%，降低腹泻率。

免疫调控物质。早期断奶应激降低仔猪免疫机能，减少循环抗体的水平及抑制细胞免疫功能。为此，添加外源免疫调控物质来提高仔猪的免疫机能成为研究热点。喷雾干燥猪血浆蛋白粉(SDPP)已得到一致认同。

过量维生素 E 能增强动物免疫能力。仔猪断奶后对固体饲料采食量较低，从而血浆 α-生育酚也显著降低。添加维生素 E 能增强仔猪免疫力，预防腹泻和其他感染。可用 NRC 推荐需要量 6～20 倍水平的维生素 E。采用牛初乳及其中的免疫球蛋白饲养仔猪，也可提高免疫力和成活率。

7.6 断奶仔猪的营养策略

控制营养性腹泻的关键营养措施有三个(“三性”原则)。一是饲料的可消化性，要选用消化率高的饲料原料，添加饲用酶制剂，采取合适的饲料加工及饲喂方式；二是注意饲料的抗原性，降低日粮抗原物质含量，保持合适的蛋白水平，通过饲料加工破坏日粮抗原性，并且充分补饲，或不补饲，减轻免疫损伤；三是注意日粮的酸碱性，选用酸合力低的原料，添加酸化剂。

(1)设计乳猪饲料配方时，应选择易消化并对小肠绒毛损害较轻的原料。乳蛋白引起的肠道损伤最轻，豆饼最重，玉米一豆饼一动物蛋白复合饲粮则取决于补饲蛋白种类。需要指出，在大豆类饲料原料中，大豆蛋白浓缩物、分离大豆蛋白、膨化大豆等，尤其是发酵豆粕，仅含很少的活性抗原性球蛋白，很少引起仔猪出现此种异常免疫反应。合理制备的免疫蛋产品、喷雾干燥血浆蛋白粉能够预防仔猪肠道感染，促进仔猪生长。

教槽料中添加 40%以上的乳糖与添加 15%的乳糖相比，可以提高猪一生的性能，49 日龄平均体重高 1.1 kg(P＝0.006)，133 日龄体重高 4.3 kg(P＝0.251)。可以据此估计高档教槽料与普通教槽料的经济价值的差异。

(2)要注意饲料添加剂的使用。抗生素、高锌和高铜可以预防仔猪拉稀、提高仔猪生长速度和饲料效率。选用能促进肠道消化酶分泌、保持肠道上皮完整性的各种活性物质原料；使用酸制剂符合仔猪断奶后胃中酸度的变化规律；添加有利于肠道形态和功能发育的物质如谷氨酰胺、类胰岛素生长因子(IGF 类)；采用酸制剂和酶制剂提高消化道中酶的总活性；添加蛋白酶；合理使用免疫增进剂和抗生素；添加来自猪血的提取 IgG；乳糖能发酵产酸维持仔猪肠道健康，是断奶(21 日龄)后 14 d 内的首选原料；非淀粉多糖(NSP)虽不易直接被仔猪消化，但可作为肠道益生菌的能源，利于维持肠道微生物区系平衡；日粮来源的核苷酸，对胃肠道生长发育、免疫系统、肝功能及脂肪代谢有重要作用，仔猪断奶应激，体内合成的核苷酸可能低于需要，外源核苷酸可弥补，减轻断奶应激；断奶仔猪日粮中添加一定量谷氨酰胺、牛磺酸等，对维持仔猪肠道正常形态结构和机体免疫机能都有重要作用；日粮脂肪对小肠绒毛的再生长有抑制作用。

植酸是典型抗营养因子，在胃内低 pH 下好像不被分解，而植酸盐速溶，后者使蛋白质迅速变性为不可溶的，并且与矿物质结合。这就导致了日粮矿物质利用率降低，胰腺和肠道分泌物增加，氨基酸内源损失增加，日粮蛋白质溶解度降低，影响钠的主动转运(Cowieson et al,2009)。仔猪日粮中添加 2%的植酸，可降低断奶后 3 周内仔猪日增重 118 g/d，饲料效率降低 43 个百分点(Woyengo et al,2011)。试验和商业评估都支持低植酸营养的概念，日粮低植酸并且超量添加植酸酶，可提高仔猪断奶后 3 周内的性能，平均日增重(ADG)提高6%,饲料效率(FCR)提高4%,日采食量提高7%。这里的关键是,提高了仔猪的采食量。

(3)生长速度,除遗传外,不同断奶日龄及断奶前后的饲养方案是断奶仔猪是否腹泻的重要决定因素。在三阶段饲养方案中,第1阶段断奶料中须含一定量豆粕,以使仔猪产生适应。断奶前补饲"少量"抗原可刺激机体发生免疫反应,但再次接触该抗原时动物经历二次免疫,导致更严重腹泻和吸收障碍;而仔猪断奶前补饲"足量"含大豆蛋白的饲料时,断奶后消化道肠绒毛几乎不受断奶影响,断奶后没腹泻发生,这符合免疫耐受理论。所以,早期断奶仔猪补饲的价值取决于是否能够使仔猪获得达到免疫耐受水平的饲料采食量。仔猪断奶换料是否腹泻以及腹泻程度与补料和开食料蛋白质抗原性有关。

有试验证实,断奶前喂3 d补料的仔猪,3周龄断奶后0~14 d的腹泻率为100%;断奶前喂2周教槽料时,与未断奶组一样,没有腹泻:不补饲而突然断奶的腹泻率居两组之间(33%)。这可能是因为只有足够的采食量才能使肠道免疫系统产生耐受力,减轻或消除过敏反应,而低采食量只能使肠道免疫系统处于待发而非耐受状态,一旦肠道受到损伤就很容易继发病原微生物的感染和增殖,加剧腹泻程度。对大豆产品进行深加工也能减轻肠道的迟发性过敏反应,如用浓缩大豆蛋白或提纯大豆蛋白替代豆粕。膨化处理还可进一步提高浓缩蛋白的使用价值。

可见,要使优质饲料得到表现,还要养猪场科学使用。

8 猪生殖系统的发育

种猪繁殖的基础是生殖系统的良好发育。

8.1 猪生殖系统的发育

生殖系统形态和功能的发生发展可以分为几个阶段，胚胎阶段卵巢和睾丸组织的适时分化对出生后及生长期生殖系统的发育成熟有重要作用。

生殖系统中的生殖腺和主要管道都是由中胚层发生的。当中肾还是胚胎主要排泄器官的时候，生殖腺在中肾腹内侧发育，此处的中胚层细胞形成上皮团，突入中肾组织内形成生殖嵴。随后生殖嵴与中肾分开。生殖嵴表层为间皮和由卵黄囊内胚层迁移而来的原始生殖细胞构成的生殖上皮，内部为生殖上皮产生的索状细胞团和间充质。这个时期的生殖腺在形态结构上没有性别差异，属于性未分化时期或中性时期。这时尚未分化的生殖管道也无性别差异，即在两条中肾管的外侧都有两条由中胚层内凹形成的苗勒管，向后延伸与泄殖腔相通。

当胚胎向雄性发展，生殖腺变为睾丸时，索状细胞团变成精小管索。精小管索间的间充质细胞构成间质组织。随后精小管变成曲细精管，生殖上皮下面的间充质发育成为白膜。这时，中肾小管与睾丸相连，形成睾丸输出小管；中肾管变成附睾管和输精管；苗勒管退化，在成体留有遗迹器官称雄性子宫。当胚胎向雌性发展，生殖腺变为卵巢时，细胞索分裂成许多细胞团，再分化成为原始卵泡。原始卵泡在胚胎期可进一步发育，但到出生后则又逐步退化，到性成熟时再由未发育的原始卵泡逐渐发育。苗勒管发育成输卵管、子宫和阴道。

诱导未分化性腺组织发育为睾丸的基因称为睾丸决定(SRY)基因。SRY 基因使睾丸发生的分子机制目前不明。除了 SRY 基因,其他一些重要的与生殖系统发育相关的基因也逐渐被人们认识。WT1(Wilms Tumor),一个转录调节子,在泌尿生殖系统发育早期作用于后肾的胚基组织。SF-1(类固醇生成因子-1),一种核受体,参与转录调节,在雄性和雌性合成雄性或雌性激素的组织内均有表达,它调节睾丸滋养细胞(Sertoli 细胞)中抗 mullarian 激素基因的表达。DAX-1 是可以编码一种睾丸拮抗因子的基因,在 SRY 基因表达高峰的前几天时可以在原始性腺的边缘找到,当生殖发育障碍时,SRY 和 DAX-1 表现为相互拮抗。人 SOX-9 基因在人类胚胎性腺边缘进行转录,当原始性腺向睾丸发育时该基因表达增强,而当原始性腺向卵巢发育时该基因表达减低。WNT-1 可以调节胚胎性腺内甾体类激素的生成。

下丘脑-垂体-性腺轴(HPG)的成熟对胚胎时期生殖系统的发生发展起着重要作用。在胎儿早期,下丘脑和垂体逐渐具有一定内分泌功能,垂体前叶分泌黄体促性腺激素(LH)和卵泡刺激素(FSH),同时丘脑也开始合成促性腺释放激素(GnRH)和其他激素,当下丘脑与垂体间的入口导管形成之后下丘脑合成的激素开始作用于垂体,对其进行调控。在胎儿发育期,性腺也开始分泌激素,同时与 HPG 轴相互作用。在人类,胎儿期第 7～8 周,男性睾丸间质细胞(Leydig 细胞)开始分化,并在胎盘绒毛促性腺激素的调控下分泌雄性激素,睾丸激素在体内的最早高峰出现在胎儿期第 12 周。胎儿期第 10 周到第 14 周,雌性开始分泌雌激素,直到第 20 周才出现高峰,伴随在下丘脑促性腺释放激素(GnRH)和垂体性腺激素分泌高峰之后,继而负反馈抑制垂体和下丘脑的激素合成,直至出生。

性成熟后配子的形成和类固醇类激素的产生均受下丘脑-垂体-性腺轴(HPG)调控,所以HPG轴各部分的正常发育也很重要,例如,下丘脑被认为可以调节雌性哺乳动物生殖周期,而这种生殖周期直到性成熟期才逐渐形成。生殖系统发生发展的每个阶段都对外源性“毒素”非常敏感,在胚胎和胎儿发育时期,一些化学物质不仅会对这个阶段产生影响,还有可能对成年后的生殖功能造成损害。

8.2　猪性成熟的生理学

青年母猪性成熟的年龄是以出现首次发情和排卵为准,西方猪种的性成熟年龄在180～200 d,但个体间变异很大;中国猪种如梅山猪,性成熟年龄早得多,大约90日龄。当青年母猪趋近性成熟时,雌激素的分泌大量增加,同时促黄体素的分泌量也达到高峰,两者结合最终启动母猪开始发情并排卵。

青年期始于下丘脑开始以特定的频率和振幅脉冲式释放促性腺激素释放激素(GnRH)。GnRH的脉冲释放导致垂体促性腺激素对GnRH刺激的反应性增强,同时黄体促性腺激素(LH)和卵泡刺激素(FSH)的合成增加。这些均与细胞表面肽类激素受体识别,编码GnRH受体、促性腺激素亚单位和旁分泌因子的基因高表达相关。对于完全成熟的雌性,黄体促性腺激素(LH)和卵泡刺激素(FSH)脉冲释放的振幅和频率随繁殖周期而变化。青年期促性腺激素活性升高,使得性腺分泌激素水平升高,配子成熟。

在雌性,自发的卵巢促性腺激素前体释放峰值最早出现在青年期。当雌二醇正反馈作用于黄体促性腺激素(LH)和卵泡刺激素(FSH)的释放,并且随着下丘脑-垂体轴完善对这种反馈有所反应的时候,促性腺激素分泌高峰逐渐消失。雄性青年期睾丸体积明显增大，可能是睾丸间质细胞生长和睾丸内雄性激素浓度升高共同作用，加速睾丸的发育并提高了血液中雄性激素的水平，在青年期开始时，睾酮血液浓度急剧增加，直至达到成年水平。在黄体促性腺激素（LH）和卵泡刺激素（FSH），局部生长因子和细胞因子的共同调控下，睾丸进一步成熟。睾丸间质细胞和滋养细胞功能的改变对精子发生起到非常重要的作用。

从胎儿时期一直处于有丝分裂静止状态的原始生殖细胞开始分裂为精原细胞。青年期初始生精小管管腔形成，同时睾丸滋养细胞间紧密连接形成，将朝向管腔的表面和组织间隙分隔，形成血-睾屏障。一般公猪在 4～6 月龄，开始精子发生过程。精子发生依赖于卵泡刺激素（FSH）和睾酮的激素作用，睾丸间质细胞的支持和旁分泌作用及睾丸滋养细胞产生的雄性激素作用。在成熟的睾丸中，精子不断生成，生精过程按照不同的阶段有序地排列在生精小管中。精原细胞经过几次分裂后进入减数分裂期形成前线期精子细胞。一段时间后，前线期精子细胞完成减数分裂，再进行有丝分裂，成为单倍体精子细胞，进而继续分化为成熟精子。

影响猪性成熟的因素主要有年龄、营养、体重、气候等。

（1）基因型。不同基因型之间是不是有差异呢？报道较多的是杂种优势，杂种仔猪的青春期比纯种繁殖或近交的个体来得早。有限证据认为，不同品种之间的差异与品种内的差异大致相等，但是需要指出，品种间的差异是可遗传的差异，而品种内差异，其可遗传的部分等于其遗传力。现代高度选育的猪，很可能在改良其瘦肉生长速度的同时，间接提高了性成熟体重的阈值。

（2）年龄。虽然性成熟的启动年龄是由遗传决定的，但受到许多环境因素影响，相对于体重而言，猪的性成熟似乎与年龄的关系更为密切，不过，性成熟年龄变化范围很大，很可能与个体的生理年龄有关，特别是当生理年龄涉及生殖激素系统发育的阶段时，它对性成熟的启动最为重要。性成熟的年龄具有季节性变异，这种变异可能由光照或环境温度的变化所引起。有迹象表明，增加光照长度会使性成熟提早，而提高环境温度会使性成熟推迟，在圈养舍饲方式中，光照和温度的效应可通过调节舍内的光照时间和温度进行控制。

Rydhmer 等(1994)发现猪的性成熟年龄与胴体瘦肉含量之间有正的遗传相关，但是与生长速度的相关较小。这表明，为了提高胴体瘦肉含量而进行的选择，可能同时改变了第一次排卵的日龄。Cameron 等(1999)的研究不完全支持这个结果，因为选择标准中使用的是瘦肉生长速度而不是瘦肉含量。后者报道了瘦肉组织的饲料效率与性成熟日龄具有高度显著的遗传相关。现在的大白猪在 120 g 体重，220～225 日龄才达到性成熟。

Lamberson 等(1991)选择猪的性早熟，经过 8 代的选择，性成熟日龄提前了 15.7 d，后来的研究证实这个结论是一个假象，他们放进去公猪进行了诱导发情。

P.Tummaruk 等(2006)对 2 400 头长白猪×约克夏猪(LY)杂交一代母猪研究发现，LY 二元杂交母猪一般出现初情期为 27 周龄左右，见图 8-1。

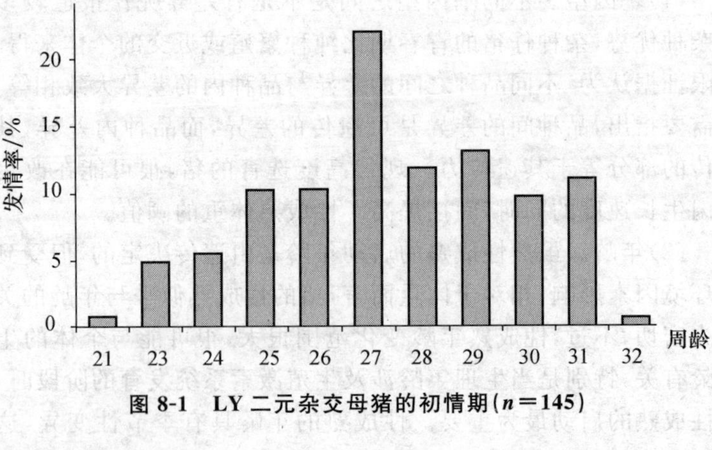

图 8-1　LY 二元杂交母猪的初情期(n=145)

(3)营养方案。初情期到来的早晚除了受遗传、饲养管理措施的影响外,营养方案是决定性的重要因素。在其他限制因素都正常的情况下,猪的营养不仅对性成熟发生的时间有一定影响,营养状况还会影响首次和后来各情期的排卵数。

营养对后备母猪初情启动和卵泡发育的作用原理可见图 8-2(吴德,2012)。

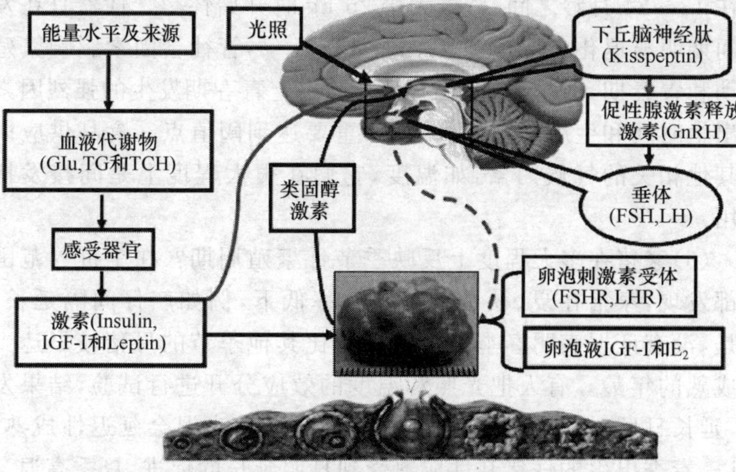

图 8-2 营养对后备母猪初情启动和卵泡发育的作用原理

(4)体重的影响。一般论著罕见介绍性成熟时年龄与体重的关系,因为性成熟时的年龄、体重和生长速度的关系太复杂,几乎不可能区别三者的影响。Foxcroft (1980)认为,在家畜育种上选择高生长速度,可能会导致性成熟年龄提前,有时会使性成熟体重降低,因此性成熟体重与成年体重之比降低。一定有一个生理机制,通过改变下丘脑对雌二醇的敏感性来控制性成熟,只是,生长速度、体重或年龄如何引发这个生理机制,还不得而知。其他的触发因素也被考虑过,其中有几个与生长速度有关,它们与生长速度一样,都可以独立触发这个生理机制。

(5)季节影响。欧洲野猪是季节性繁殖,产仔分布是与季节性卵巢活动相关的。母猪表现在夏季和秋季发情,产仔通常是在每年4～5月份一次。有时产仔有一个双峰,而不是一个单峰分布。在这种情况下,两个峰的分娩是在1～2月份和8～9月份。妊娠期长度在112～126 d,类似于家养的猪,而排卵率平均为5.25,窝产仔数为4.5只,这与家猪是非常不同的(mauget,1982)。小母猪在18～24月龄之间、体重大于25 kg时开始怀孕。性器官在发情间期明显退化(Aumaitre et al, 1982). 尽管社会因素影响繁殖活动和青春期,似乎还有季节性影响,决定青春期发生的强烈因素是出生时间和生后的食物供应,体重要达到阈值点。食品供应以及其他相关的气候因素,如温度,它们在很大程度上是间接发挥作用。

(6)家猪在多大程度上反映季节性繁殖周期? 在全世界范围内都发现,家猪在夏、秋季节繁殖效率低下,例如产仔间隔延长。但是,没有证据表明春季出生的仔猪比其他季节的母猪较早达到性成熟的年龄。有人把光照和温度的效应分开进行试验,结果发现,延长日照时间确实促进性成熟,而夏季的高温会延迟性成熟。所以,春季出生的仔猪其性成熟受到日照延长的促进,夏季高温又抑制性成熟。而在秋季出生的仔猪,日照逐渐缩短,抑制性发育,但是秋季有温度优势。两个因素可能相互抵消,使得春季出生与秋季出生的仔猪之间没有显著的差异。

8.3 母猪繁殖力随年龄的变化

母猪产活子数多少,是衡量母猪繁殖效率的最重要指标。影响产仔数的主要因素,一般认为有:①排卵数;②受精卵数;③受精卵植入母体子宫数;④胎儿发育期成活数;⑤母猪年龄。

(1)排卵数。不同品种的排卵数差异很大,这可由产仔数反映出来,见表 8-1,这个是遗传的原因。

表 8-1 猪不同品种的窝产仔数

品种	窝产仔数	品种	窝产仔数
杜洛克	9.78	约克夏	10.75
挪威长白	11.00	美国长白	9.74
波中猪	8.70	切斯特白猪	9.33
巴克夏	7.74	太姆华兹	7.43

母猪所排卵子在各个阶段的损失大致见表 8-2。这些生命早期的性状一般主要受卵子所处环境的影响,遗传力很低。所以加强饲养管理可以提高母猪的繁殖力。

表 8-2 母猪所排卵子在各个阶段的损失

卵子的命运	怀孕母猪/%	全群母猪/%
母猪未孕损失	—	36.4
怀孕期损失	31.3	19.9
分娩时损失	3.2	2.0
出生至断奶损失	22.9	14.6
断奶时存留	42.6	27.1

资料来源:Phillips and Zeller.1941.Am.J.Vet.Res.Ⅱ.5:439。

胚胎死亡一般有三个高峰期。

一是妊娠后 30 d 内的死亡。卵子在输卵管的壶腹部受精形成合子,合子在输卵管中呈游离状态,不断向子宫体游动,24～48 h到达子宫,开始附植形成胎盘的过程需 12～24 d。受精卵在第9～13 天的附植初期,易受各种因素的影响而死亡,如近亲繁殖、饲养不当、热应激、产道感染等,这是胚胎死亡的第一个高峰期。

囊胚(blastocyst)的主要任务(growth target)是生存和发展。为了生存,它们需要竞争母体子宫的生存空间(uterine space),以获取足够的营养和排泄代谢产物,这种竞争能力与胎盘、循环系统和肝脏等早期发育的器官有关。竞争子宫内生存空间是导致囊胚死亡的主要原因。

二是妊娠中期的死亡。妊娠 60～70 d 后胚胎生长发育加快,由于胚胎在争夺胎盘分泌的某种有利于其发育的类蛋白质类物质而造成营养供应不均,致使一部分胚胎死亡或发育不良。此外,粗暴地对待母猪,如鞭打、追赶等以及母猪间互相拥挤、咬架等,都能通过神经刺激而干扰子宫血液循环,减少对胚胎的营养供应,增加死亡。这是胚胎死亡的第二个高峰期。

三是妊娠后期和临产前的死亡。此期胎盘停止生长,而胎儿迅速生长,或由于胎盘机能不健全,胎盘循环失常,影响营养物质通过胎盘,不足以供给胎儿发育所需营养,致使胚胎死亡。同时母猪临产前受不良刺激,如挤压、剧烈活动等,也可导致脐带中断而死亡。这是胚胎死亡的第三个高峰期。

(2)营养。营养好的母猪排卵数多,这是家猪比野猪繁殖力高的重要原因。野猪家养后繁殖力提高,也是这个原因。所以一般在母猪配种前给予短期优饲,以期多排卵,而怀孕后立即控制饲料给量,以降低胚胎死亡率。

隋世燕等(2013)对母猪营养对后代繁殖机能的影响做过综述,报道了 De W(2009)等的结果,母猪交配后饲喂高营养饲粮降低了胚胎的成活率,血液中的孕酮的浓度显著降低。Smits 等(2011)在每千克试验组饲粮中添加 3 g 鱼油,从母猪分娩前 8 d 持续到仔猪 19 d 断奶,结果与对照组相比,试验组显著增加了 0～7 胎母猪的产仔数和产活仔数。而 Quesnel 等(2010)在母猪怀孕的第 1 周每天饲喂不同水平(2 或 4 kg)的饲粮,怀孕 27 d 时屠宰发现,胚胎存活率、活胚数及胚胎重和长度都没有变化。

(3)早期断奶。母猪产后过早断奶,并且在断奶后过早配种,都会降低排卵数。

(4)母猪年龄对产仔数的影响。后备母猪性成熟后,生产上,一般在第二个发情期就开始配种了。第一胎的母猪不仅产仔猪数少,而且体重小,这是母体发育不充分所致。虽然后备母猪已经性成熟,但是还没有达到体成熟,生殖器官和生殖机能都没有达到最佳状态,所以其生产力就低,例如排卵数少。只有发育到体成熟阶段,母猪才可以发挥其最佳生产性能,体成熟才是母猪生产的黄金时期。

这个也许是自然选择的结果,因为后备母猪性器官的结构和功能都没有达到成熟状态,所以,产仔小有利于顺利分娩,初产母猪产道不至于受伤,有利于下次繁殖,在自然选择状态下有利于物种种群的发展。母猪繁殖力与胎次的关系见表 8-3。

表 8-3 母猪胎次与产仔数之间的关系

胎次	1	2	3	4	5	6	7	8	9
超过第一胎的仔猪数	0.0	0.68	1.36	1.58	1.90	1.92	1.89	1.71	1.45

资料来源:Lush and Molin.1942.USDA Tech.Bul.836。

(5)第一胎很重要。后备母猪达到了配种的年龄和体重,一般在第二次发情开始配种。如果因为疏忽或其他管理不当耽误了配种,例如达到体成熟才第一次配种,那么,这个母猪的一生生产力就会远远低于正常年龄配种的母猪。所以在生产上,既不要提前配种(不要第一次发情就配种),也不要延迟配种年龄。

8.4 猪胚胎死亡的原因

现在的母猪饲养管理与过去大不一样,遗传性能也有了巨大变化。现在高度改良的母猪一般排卵 20～25 枚,卵子的受精率高达 95%以上，但产仔数只有 11～15 头，这说明有 30%～40%的受精卵在胚胎期死亡。具体分析结果见图 8-3。

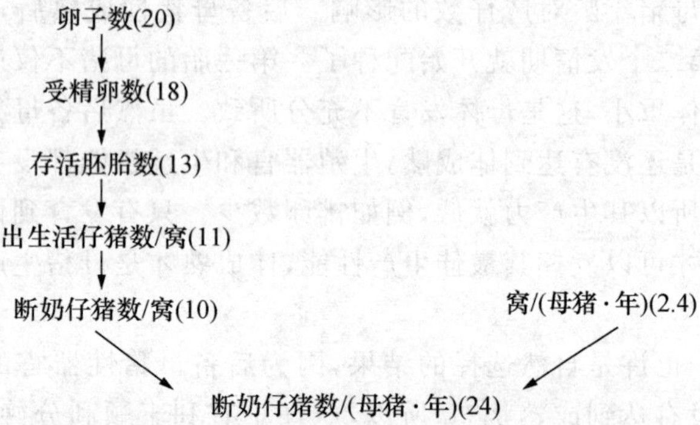

图 8-3　影响母猪生产力的因素(好猪群)

胚胎存活率高低，表现为窝产仔数多少。影响胚胎存活率高低的因素很多，也很复杂，主要有以下几种。

(1)遗传因素。不同品种猪的胚胎存活率有一定差异。据报道，梅山猪在妊娠 30 日龄时胚胎存活率(85%～90%)高于大白猪(66%～70%)；据认为其原因与其子宫内环境有很大关系。

(2)近交与杂交。繁殖性状是对近交反应最敏感的性状之一，近交往往造成胚胎存活率降低，畸形胚胎比例增加。因此，在商品生产群中要竭力避免近亲繁殖。杂交与近交的效应相反，繁殖性状是杂种优势表现最明显的性状，窝产仔数的杂种优势率在 15%以上。因此，在商品生产中应尽量利用杂种母猪。

即使同一品种母猪，用本品种公猪交配或者使用其他品种交配，窝产活仔数也不同(表 8-4)。其可能原因是，异品种精子与同品种精子相比具有更强的授精能力，或者杂种胚胎的生活力高于纯种胚胎。

表 8-4 大白母猪用于纯繁和杂 2 交时窝活产仔数的差异

项目	平均窝活仔数/头	方差	样本数/头	自由度	t 值	$P(T\leqslant t)$ 双尾
长白×大白	9.60	11.690 1	7 864	9 164	3.485 8	0.000 49
大白×大白	9.25	11.153 2	1 302			

数据来源:喻传洲(2012)。

(3)母猪年龄。在影响胚胎存活率的诸因素中,母猪的年龄是一个影响较大、最稳定、最可预见的因素。一般规律是,第 5 胎以前,窝产仔数随胎次的增加而递增,至第 7 胎保持这一水平,第 7 胎后开始下降。因此,要注意淘汰繁殖力低的老龄母猪,由壮龄母猪构成生产群。

(4)公猪的精液品质。在公猪精液中,精子占 2%～5%,每毫升精液中约有 1.5 亿精子,正常精子占大多数。公猪精液中精子密度过低、死精子或畸形精子过多、pH 过高或过低、颜色发红或发绿等,均属异常精液,用产生异常精液的公猪进行配种或人工授精,会降低受精率,使胚胎死亡率增高。

(5)母猪体况及营养水平。母猪的体况及饲粮营养水平对其繁殖性能有直接影响。母体过肥、过瘦都会使排卵数减少,胚胎存活率降低。妊娠母猪过肥会导致卵巢、子宫周围过度沉积脂肪,使卵子和胚胎的发育失去正常生理环境,造成产仔少,弱小仔猪比例上升。在通常情况下,妊娠前、中期容易造成母猪过肥,尤其是在饲粮缺少青绿饲料的情况下,危害更为严重。母体过瘦,也会使卵子、受精卵的活力降低,进而使胚胎的存活率降低。中上等体况的母猪,胚胎成活率最高。

(6)温度。高温或低温都会降低胚胎存活率,尤以高温的影响较大。在 32℃左右的温度下饲养妊娠 25 d 的母猪,其活胚胎数要比在 15.5℃饲养的母猪约少 3 个。因此,猪舍应保持适宜的温度

(16～22℃)，相对湿度70%～80%为宜。

(7)育种对繁殖力的影响。在第1章我们已经给出了一些主要生产性状与繁殖性状之间的遗传相关。根据育种原理可知，在育种上，选择改良生产性状必然会导致繁殖力的相关选择反应。

(8)其他，如母猪配种前的短期优饲、配种时采用复配法、建立良好的卫生条件以减少子宫的感染机会、严禁鞭打、合理分群防止母猪互相拥挤、咬架等，均可提高母猪的产仔数。见图8-4。

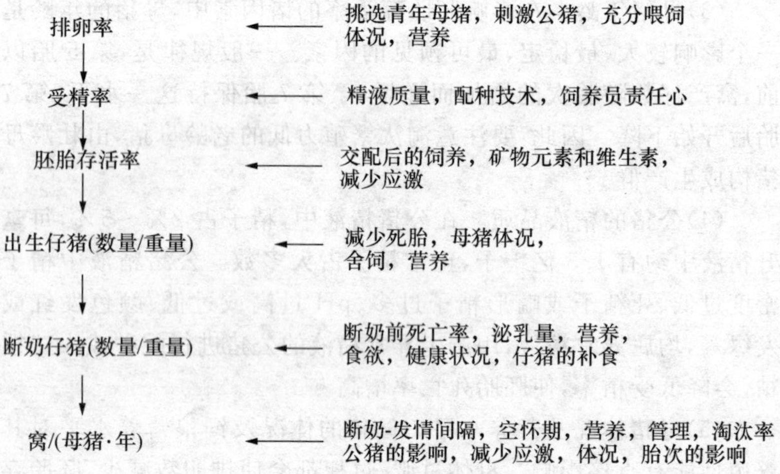

图8-4　影响窝产仔数的因素

8.5　猪乳腺的发育：概述

乳腺是类似于皮脂腺和汗腺的一种皮肤腺。由乳腺腺泡、导管系统、结缔组织和脂肪组织(为间质)组成。腺泡是分泌乳汁的部位，乳导管系统为一系列复杂的导管。乳腺中有丰富的血管、传入神经和传出神经。乳腺各部有多种内外感受器。

哺乳动物的乳腺发育始于胎儿期，在青春期前后虽也有不同程度的生长，但大约到妊娠晚期或泌乳早期才达到完全发育状态。胎儿期乳腺的基本结构已经形成，出生后乳导管延伸并穿透基质，这种变化在有些种属可延续到初情期。大多数动物的乳腺发育在妊娠期完成，有少数动物如大鼠、小鼠和兔等则可延续到哺乳早期。泌乳结束后，原有的乳腺组织逐渐萎缩，分泌细胞消失，但乳腺肌上皮细胞仍然存在。

仔猪生长过程中，乳腺中结缔组织和脂肪组织逐步增加，到初情期时，乳腺的导管系统开始生长，形成分支复杂的细导管系统。妊娠后，乳腺导管组织的数量增加，每个导管的末端出现腺泡，到妊娠中期，腺泡出现分泌腔；妊娠后期，腺泡上皮开始具有分泌机能。

控制乳腺发育的因素极其复杂，除了乳腺内因素和整个机体的系统调控因素以外，还有日粮、吮乳行为等外部因素。

乳腺的结构随动物年龄和生理状态而变化。动物性成熟后，乳腺发育较快，妊娠后期和泌乳期的乳腺有分泌活动，称活动期乳腺；无分泌功能期的乳腺，称静止期乳腺。

泌乳(lactation)包括乳的分泌和排出两个相对独立而又相互制约的过程，乳腺持续分泌乳汁的过程称为泌乳期。猪的泌乳期约 60 d。

乳腺发育的调节有两个途径。

内分泌活动的调节，其中雌激素调节乳腺中导管系统的生长发育；孕激素刺激乳腺导管系统的发育；还有其他激素，例如催乳素、生长激素、促肾上腺皮质激素和肾上腺皮质激素。

神经调节。支配乳腺的传出神经控制乳腺的发育；神经系统对乳腺有重要的营养作用。

不同泌乳状态的乳腺结构不同。

(1)乳腺的一般结构。乳腺为复管泡状腺，由结缔组织(乳腺间质)将其分隔成许多小叶。腺泡上皮为单层立方状,腺腔较小,上皮基底面附着于基膜,上皮与基膜之间有肌上皮细胞。导管分小叶内导管、小叶间导管和输乳管。小叶内导管连接腺泡,为单层立方上皮。小叶间导管为单层柱状或双层立方状上皮。输乳管为双层矮柱状上皮,在乳头基部汇合成乳窦或乳池。乳窦或乳池连接乳头管,乳头管衬以复层扁平上皮。

图 8-5 是乳腺一般结构图示。

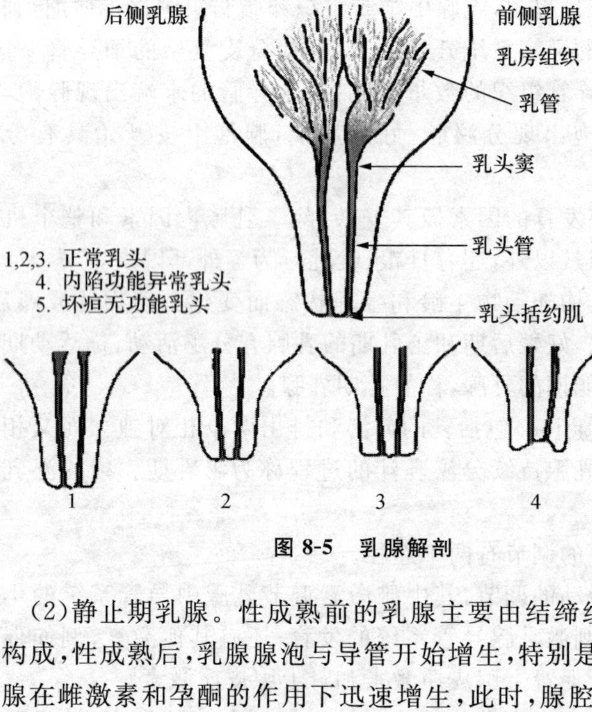

图 8-5 乳腺解剖

(2)静止期乳腺。性成熟前的乳腺主要由结缔组织和脂肪组织构成,性成熟后,乳腺腺泡与导管开始增生,特别是在妊娠后期,乳腺在雌激素和孕酮的作用下迅速增生,此时,腺腔增大,腺细胞与导管上皮细胞变高,结缔组织相对减少。在两个泌乳期之间,乳腺处于静止期,其特点是腺体不发达,仅有少量萎缩的腺泡和导管,结缔组织与脂肪组织增多。

(3)活动期乳腺。在妊娠后期和泌乳期,乳腺受催乳素的影响,腺体发达,腺细胞变成高柱状,胞质内充满脂滴和蛋白颗粒,核圆形,多位于细胞基部。分泌物排出后,细胞恢复立方状。在一个小叶内,可见不同分泌状态的腺泡,有的腺细胞呈高柱状,有的呈立方状或扁平状,腺腔内充满乳汁。

8.6 猪胚胎期和生长期的乳腺发生与发育

(1)乳腺生长的测定。在分化生长模型一章介绍的,动物组织器官相对于机体整体的分化生长的度量方法,这并不适用于度量乳腺的生长。合适的办法是把乳腺当作一个独立的器官考虑。有很多方法可以用于测定乳腺的生长和大小,可参见 Lawrence, Fowler and Novakofski(2012)。

(2)胎儿期。虽然不同物种之间有些差异,但是总的来看,这个时期的差异通常很小。事实上,在有胎盘哺乳类动物的所有物种,乳腺最初的发育是相似的。乳腺生长的第一迹象是在外胚层的腹股沟区或腹部的整个表面出现凸起区。突然爆发式发育的细胞带形成一个狭窄的线,通常被称为乳房线(the mammary line and crest),在不同物种这条线延长的长度不同。由于真皮隆起支撑使之呈脊状,使得乳房线略有凸起。那些最终将会成为乳头的乳房线区域首先是以芽蕾(buds)形式出现的,芽蕾数量和位置随物种而异。芽蕾本身造成的外胚层细胞在乳房线聚集在一起形成结节,确定了乳腺的数量和精确位置。然后是外胚层向内生长,出生时已形成明显的基本管道系统。这一点基本上是反映在乳腺芽蕾沉入间质细胞,初步形成小豌豆的形状,随后发育成为大致的半球形,最终,形成球形的形状。与此同时,乳腺的附属结构如结缔组织、肌上皮细胞和血管开始出现,乳腺脂肪垫间质(the mesenchyme of the mammary fat pad)也开始出现,脂肪垫对于乳腺上皮细胞增殖至关重要。随后的乳腺增大主要是细胞肥大而不是细胞增殖。有许多基础教科书详细介绍了这些初始变化的细节，图8-6 示意的是牛胎形成表皮锥（the epidermal cone）的过程。

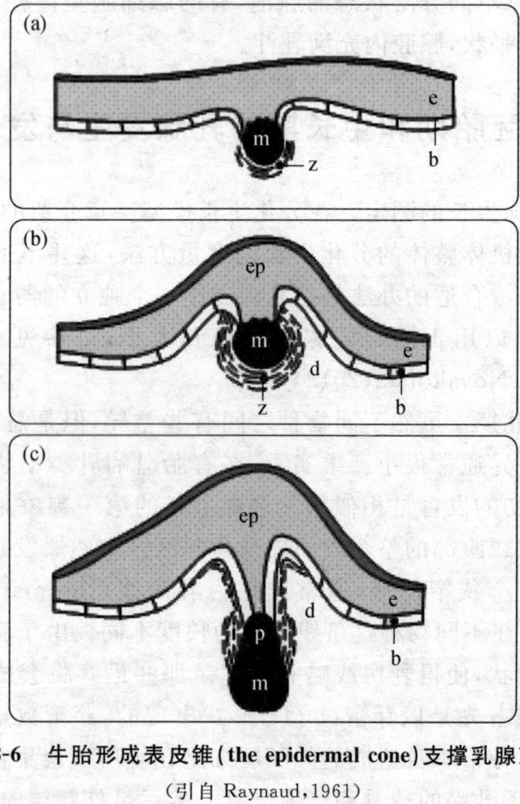

图 8-6　牛胎形成表皮锥（the epidermal cone）支撑乳腺芽蕾

（引自 Raynaud，1961）

（a）8. 5 cm 长雌性胎儿　（b）9 cm 长雌性胎儿　（c）15 cm 长雄性胎儿

e. 表皮（epidermis）　b. 表皮的基底层（basal layer）　d. 胚胎真皮（embryonic dermis）　ep. 表皮锥（epidermal cone）　m. 乳腺芽蕾（mammary bud）或乳腺蕾蒂　z. 乳晕区（areolar zone）

（3）在仔猪胚胎期可以检测到乳房线（the milk line），它的长度是 1.5 cm。此后进一步增加 0.5 cm 的长度就可以明显见到不同的纺锤形加厚(fusiform thickenings)。纺锤形加厚的数量与成年后的乳腺相对应(乳线每侧平均在 5～7 cm)。在出现加厚时乳房线消失,出现单个的乳腺原基,此后的初步变化见表 8-5。

表 8-5　母猪胚胎期乳腺的形态变化

阶段	形态变化
2～5 cm	乳腺原基从初始的小凸起转变成扁平盘状,然后穿透真皮成为芽蕾,到 5 cm 长时长成球状
5～7 cm	在侧面形成的两个乳腺增殖中心分离开来,由此形成两个次级芽蕾(secondary buds),次级芽蕾拉长形成初级上皮线(primary epithelial cords)
20 cm	上皮线在这个阶段充分发育,随后发育为管状,在末端出现未来乳腺管道系统的基本形态
20 cm 以后	从乳线变形出乳头、乳池和乳导管(Teat and gland cisterns and streak canals),所以在 5 cm 长时胎儿就已经出现了母猪乳头的初级形式,并且开始迅速发育。一般乳头有两个排乳管道(excretory ducts)

注:Raynaud,1961。

总的来说,与成年相比,初生仔猪乳腺的特点是,乳腺基质和导管系统所占比例较大,导管系统较小,不成熟。

(4)猪青春期的乳腺发育。自初生至青春期前,小鼠和大鼠的乳腺继续生长,生长强度与代谢体重相等,也就是随着代谢体尺大小的增加而增加。3 月龄犊牛 DNA 含量的变化,近似是从等速生长转变为异速生长(from isometric to allometric growth),其中,乳腺导管系统的发育强度近似等于整个身体的发育强度。犊牛的乳腺管道系统在青春期前不断生长,所以这时犊牛的乳房与成年奶牛的乳房形态相近。这个时期乳腺细胞的结构好像比较简单,细胞核较大，细胞质和细胞器较少。

性成熟后出现发情周期。发情周期使得乳腺呈交替的正、负生长：正生长依赖于卵巢激素、雌激素、孕激素、催乳激素和生长激素；负生长依赖于发情周期后的回复。正生长发生在发情周期的动情期，在青春期前建立的异速生长模式(the allometric pattern of growth)也是正生长。总体而言，积极的影响略大于负面影响，因为每单位体重的 DNA 增加，但这与乳腺芽蕾大小和芽蕾数增加有关，直到最后变成真正的腺泡前体或芽蕾。

8.7 成年母猪乳腺的轮回生长

(1)妊娠期间乳腺的变化。正如所期望的，妊娠的建立可能是刺激乳腺发育的重要因素。最初的刺激部分地影响乳腺管的生长，腺泡(alveoli)出芽后的离端，提供成年乳腺的特征性腺泡小叶结构(the characteristic lobule-alveolar structure)，代替乳腺脂肪垫的脂肪，其大小限制实质组织的增长。相反，小母牛的乳池到怀孕后 5～6 个月暴发性生长之前仍然相当小，所以到这个阶段之前，分泌组织仍然很小，因此，结缔组织基质必然被进一步压缩。

随着妊娠的进展，腺泡的大小和数量进一步增加，脂肪和酪蛋白分泌到腺泡腔。腺泡与乳腺管的分泌细胞是有差异的，前者缺乏细胞质纤维，但与后者相比具有大量脂滴。

乳腺的整体结构的发育受一系列激素变化的影响：腺泡细胞生长受胰岛素影响，高尔基体和粗面内质网(the golgi apparatus and rough endoplasmic reticulum)受氢化可的松影响，催乳素影响细胞器的偏振。这些变化的联合效果是，在多数物种，超过一半甚至所有的乳腺发育都是发生在妊娠期间。

(2)母猪分娩后，腺泡细胞(alveolar cells)的大小立即显示快速地生长，主要是由于这时上皮细胞和整个乳腺受到了复杂的激素活动的影响。在怀孕期间累积的单个腺泡结构的显著变异很快消失，乳腺细胞的细胞质区域显著增大，此后生长速度变慢，持续到泌乳高峰期，但是几乎没有任何进一步的有丝分裂活动。所以在保姆山羊（nanny goats）、绵羊和牛，DNA 浓度基本上保持不变。

(3)仔猪断奶后乳腺变得肿胀，细胞结构发生变化，随后引起自身消化，许多细胞死亡，从而导致乳腺实质体积大大降低。乳腺细胞的移除受单核细胞影响，包括巨噬细胞，结果是多数腺泡只含有少量细胞，体积明显减小。因此，这个恢复过程使得乳腺出现负增长，特别是上皮组织与结缔组织之比。抵消这些变化的是脂质进入空的脂肪细胞。

8.8 猪乳生成过程及仔猪吮乳的影响

(1)乳的生成过程。主要包括以下几个方面。

乳蛋白的合成：乳中的主要蛋白质为酪蛋白、β-乳蛋白和 α-乳蛋白，它们是乳腺分泌上皮的合成产物，其合成原料来自血液中的氨基酸。

乳糖的合成：乳糖主要原料来源于血液中的葡萄糖。葡萄糖在乳糖合成酶的催化下，一部分在乳腺内转变成半乳糖，然后再与葡萄糖结合生成乳糖。

乳脂的合成：乳脂几乎完全为甘油三酯状态。乳脂在上皮细胞的粗面内质网中形成脂肪小球。甘油三酯的脂肪酸为 C4～C18，脂肪酸的比例随日粮而不同。

乳分泌的发动与维持：分娩前后，孕激素水平下降；雌激素水平亦维持在一个较低的水平，解除了它们对下丘脑垂体的抑制，引起催乳素水平迅速释放，从而发动泌乳。

(2)维持泌乳及其调控。泌乳主要依靠下丘脑的调控及多种激素的协同作用。催乳素、肾上腺皮质激素、生长激素、甲状腺素对维持泌乳是必需的。

乳腺导管的内压也是影响因素。

(3)仔猪吮乳对乳腺功能的影响。繁殖母猪的乳腺随着母猪的繁殖周期而反复发育和退化(Pig Progress Aug 29,2013)。哺乳期仔猪吸奶是母猪乳腺发育和持续泌乳的关键因素之一。乳房发育过程是动态的,发育主要发生在怀孕的最后1/3时期,哺乳期继续发育,断奶后衰退到原来状态,到下次妊娠时重新开始发育。

在乳房衰退期,乳腺的实质组织急剧回归到怀孕前状态;如果哺乳期乳房没有定期哺乳,也会发生衰退,衰退模式相似于断奶期或泌乳期的乳房衰退。产后12～14 h内哺乳不足以维持泌乳,产后早期一天内发生的乳腺衰退是可逆的,但是如果持续3 d不用乳腺,发生衰退的过程就是不可逆的。

然而,如果一个乳腺在头24 h内发生退化后又被“挽救”,它在整个泌乳期内的产奶量就会一直保持较低水平。哺乳不仅影响本泌乳期的产奶量,好像还会影响到下一个泌乳期。的确,在第一胎不哺乳的乳腺在第二胎其发育和产奶量也都下降。

泌乳早期仔猪的保育行为也会受到影响。这个变化表现在,如果乳腺没有使用,第二胎的仔猪会吃不饱。然而,尚不知是否同样的情况会在第二和第三胎泌乳之间发生。

此外,确保下次泌乳期达到最大产奶量所必需的最小哺乳天数尚不得而知。

(4)猪乳生成过程的营养调控。怀孕期和哺乳期是母体对后代产生营养程序化的关键“窗口期”,此阶段母体营养的数量和质量对后代的生长发育和代谢具有永久性的影响,母体营养不良能够影响后代代谢稳态、生长性能和疾病易感性。怀孕期和妊娠期的营养状况能够影响母猪卵泡发生、排卵及受精卵在子宫内的成活，从而影响产仔数或产活仔数等繁殖指标，这一影响能够遗传给后代，造成其繁殖功能发生紊乱。

为提高母猪泌乳量，就应该给予高质量的饲料，这个问题可以写出一部专著。但是总的来说，不外是饲料的消化率和营养浓度两个指标。饲料的消化率与原料选择有关，营养浓度与饲养标准的设置有关。

母猪乳质量的营养调控报道很少。Laura Eastwood and Denise Beaulieu(2012)报道，母猪饲料中 ω-6 对 ω-3 脂肪酸的比，不能小于 5∶1。ω-3 脂肪酸太高会损害仔猪的健康和生长。

9 猪肌肉和脂肪组织的发育

本书关注的是饲料营养对猪的生长发育状况和体组成的影响及其调控技术。探讨养分在猪体主要组织、器官间分配的调节机制及其与肉品质形成的关系，探索养分定向分配的可能途径。目前对猪肉肌间脂肪的生长和组成的遗传调控和非遗传调控知之甚少。鉴于肌间脂肪在消费者对猪肉的选择中显得十分重要，需要对肌间脂肪进行更深层次的研究。

9.1 猪肌肉组织的构成

肌肉主要由上皮组织、结缔组织、肌肉组织和神经组织构成。在肉品科学中，人们通常把肉分为肌肉组织、脂肪组织、结缔组织和骨骼组织四大部分。各组织在肉品中的含量随品种、年龄、营养状况不同而有差异。肉质食品特别是猪肉是世界上消费的红色肌肉的主要组成部分，占总消费量的 43%，是肉质食品的主要来源。猪肉的质量问题逐渐引起生产者和消费者更大的关注，其重要性逐渐得到认识。在我国目前的市场上，瘦肉型猪比本地猪有更好的胴体价值与饲养价值(表 9-1)。

表 9-1　瘦肉型猪与本地猪的胴体和饲养价值比较

类型	胴体重/kg	瘦肉率/%	瘦肉含量/kg	肉质合格率/%	有效瘦肉含量/kg	饲料转化率
瘦肉型猪	75	63	47.25	95	44.89	2.8∶1
本地猪种	65	48	31.20	100	31.20	3.8∶1

在过去的几十年里，提高胴体瘦肉率一直是育种工作的主要目标。肉质性状包括一系列的评价指标，它是一个综合性状。各肉质性状间又相互联系，共同控制着肉的品质。在猪的育种中，度量肉质性状的主要指标包括：pH、系水力、肌内脂肪含量、嫩度、大理石纹、肉色等。此外，还测定蛋白质、干物质、药物残留和重金属等化学成分，以及挥发性不饱和脂肪酸、核糖和游离氨基酸等，这些物质成分的测定都与肉的风味、口感、营养价值和安全等有重要关系。肌肉组成是影响其风味和口感的主要因素，图 9-1 给出了商品猪的肌肉组成。

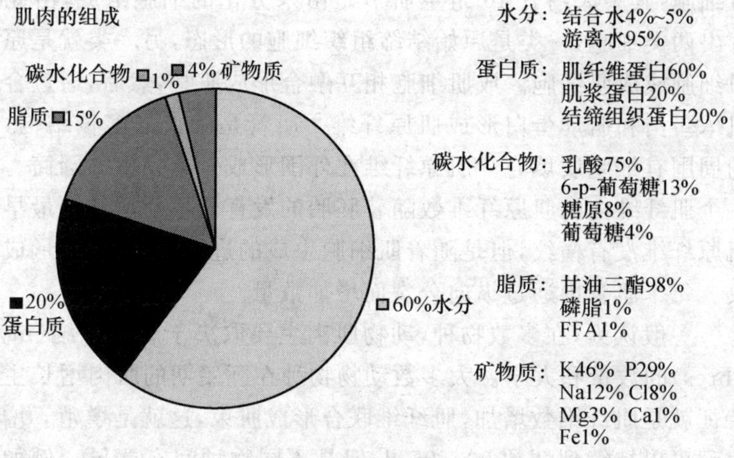

图 9-1　肌肉的组成

（数据来源：Warris PD. 2000）

猪是肉用动物，猪体最有价值的部分是肌肉组织，因此我们详细介绍关于肌肉系统的发育，这对生产实践有重要指导意义。

9.2 猪肌肉组织的发育

躯干和尾的骨骼肌系统起源于近轴侧前体节的中胚层(PSM)细胞。肌细胞生成是个连续过程,生成肌原细胞群,这个过程称作肌细胞生成(myogenesis)。一旦这些细胞到达指定状态,基因表达就显著变化,开始分节过程(a segmentation process)。在小鼠中,大约每 2 h 就有新的体节出现,它们从前有的 PSM 分离出来。2～3 周龄猪胚胎轴的两侧出现清晰可辨的体节细胞,其中大约有 40 组生肌节是由未分化的细胞组成,由此发育出两类细胞,一类是原始结缔组织细胞的形态,另一类就是原始肌细胞或成肌细胞。成肌细胞相互融合形成肌管,然后,通过合成肌球蛋白和肌动蛋白形成肌原纤维。肌管是细长的多核结构,核的周围有细胞质填充。肌原纤维在外围形成一个完整的圆筒。在一个肌纤维内的肌原纤维数随着胚胎的发育而不断增加。最早的肌原纤维没有横纹,但是随着肌细胞生成的进展,它们迅速形成横纹。每个肌管内通过纵向分裂而增加数量。

一般认为,在多数物种,动物肌肉主要取决于肌原纤维(myofibres)的数量和大小。大多数动物物种在胚胎期的肌肉增长主要特征就是肌纤维数增加,肌纤维联合形成肌束,这就是增殖。增殖过程可以持续到怀孕 90～95 d,但是不同物种间有差异。例如大鼠,出生后还在继续增殖,所以在某种意义上说,这可以视为胚胎期增殖活性的继续。但是在猪是不会发生这种现象的,这可能反映了不同物种出生时肌肉的成熟状态不同。猪的肌纤维形成是两相方式,最初的成肌细胞群相互融合形成初始纤维,而在其表面,次级成肌细胞群融合形成次级纤维,次级纤维的体积较小(wigmore and dunglison, 1998)。猪胚胎在 90～95 d 时完成增殖,大约在怀孕后 54 d 观察到次级纤维。初级纤维和次级纤维总

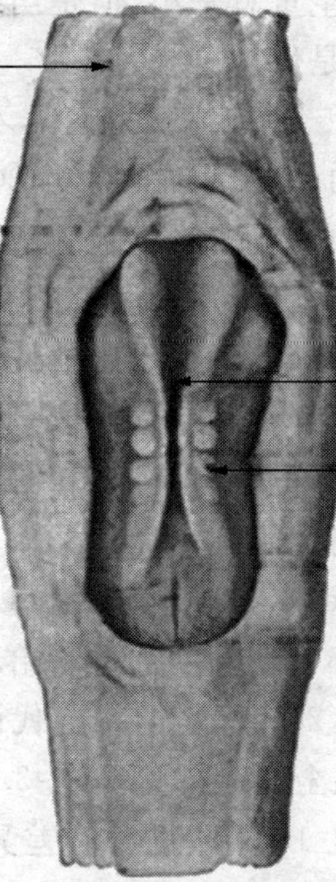

图 9-2 发育到 14～15 d 的猪胚。神经沟发育，体节形成
(据 Patten，1948)

数到出生时好像就固定不变了（Wigmore and Stickland，1983）。两群纤维的差别受 ATP 酶活性影响。

初级纤维不受环境影响，这个可能是猪的不同窝和不同品系之间总纤维数变异的主要原因，而次级纤维可能较易受环境影响，所以次级纤维一定是影响窝内总纤维数变异的原因。决定肌纤维数目的遗传基础是 *MyoD* 基因家族。胚胎发育到 35～55 d 时，开始形成肌纤维细胞，直到怀孕 90～95 d，肌纤维细胞数目不再增加（G. R. Foxcroft，J. Anim. Sci. 2006. 84（E. Suppl.）：E105-E112）。初级纤维数可能主要受遗传影响，而次级纤维的形成可能受胚胎发育过程的影响。Handel and Stickland (1987)研究大白猪发现，纤维数少并不意味着初生重总是小，但是当纤维数少时，次级纤维数与初级纤维数之比总是低。

胎儿期（怀孕 46～95 d）母体长期营养不良，会导致胎儿的肌纤维数目减少，直径增加（尹靖东，李德发，2011），所以加强怀孕中期母猪的营养调控，增加胎儿成肌细胞的增殖，加强胎儿次级纤维细胞的形成，提高肌纤维数目，这是调节商品猪肉质的关键时期。

大量研究表明，肌纤维数量与生后生长速度呈正相关，初生重小的仔猪生产性能低，肌纤维数下降，肌纤维体积变粗，肌肉嫩度下降。年龄大或者营养好的猪其肌肉纤维的横截面积大，公猪的肌肉纤维横截面积比母猪大。

然而，A.Cerosuelo et al (2009，J.Anim.Sci.87：729-739)研究表明，PIC 猪妊娠 45～85 d 期间增加母猪给料量（第一胎母猪增加 1.5 kg/d，经产母猪增加 2 kg/d），饲料含代谢能12.1 MJ/kg，含赖氨酸 0.62%，对照组妊娠全期给料量 2.5～3.0 kg/d。结果表明，产仔数、仔猪初生重和哺乳 18 d 体重没有差异；增加采食量降低了仔猪肌纤维数量，初级和次级肌纤维数都下降（$P<0.05$），纤维横切面积增加；导致宰后 24 h 肌肉 pH 增加，L 值降低。其他几项研究报道也都是类似结果，怀孕母猪在妊娠中期（25～70 d）自由采食会降低仔猪的肌纤维数量，从而影响仔猪生后的肌肉生长。

对肌纤维类型的分类所采用的依据不同则命名也会不同。目前通常是根据肌纤维所含的酶系及其活性特点来分类，将肌纤维分为：慢速氧化型（Ⅰ）、快速氧化型（Ⅱa）、快速酵解型（Ⅱb）和中间型肌纤维（Ⅱx 或Ⅱd），其中后三种统称为 II 型肌纤维。不同的肌纤维类型对肉质的影响不同，Ⅰ型纤维较细，肌红蛋白、脂质含量高，故其肉色、风味、嫩度等较好，而Ⅱ型纤维较粗，含肌红蛋白、脂质较少，而含较多的糖原，故风味、嫩度、大理石花纹、肉色较差，且易发生 PSE 肉。母猪营养对仔猪肌纤维发育和肉质的影响程度和影响机制目前还不清楚。基本清楚的是，肌纤维数量在出生前已确定，而肌纤维的类型在出生后并不固定，而是可以相互转化，猪出生时的Ⅰ型纤维可以转化为Ⅱ型纤维。

肌肉中的结缔组织含量与性质变化。在胎儿肌肉中的胶原纤维的生成形成了肌内和肌间的结缔组织。胶原纤维生成主要受转化生长因子(TGF)-β信号通路的调控。母体营养不良或过剩，都会促进猪成年后骨骼肌中胶原蛋白含量增加。

哺乳动物肌肉发育的遗传机制是复杂的。骨骼、心脏和血管平滑肌细胞的肌肉基因是重叠的特异性基因，虽然一些基因仅在一个特定的肌肉类型表达。必须有所谓遗传模块或独立的顺式调控区域(genetic modules or independent cis-regulatory regions)以指导每个肌肉类型内个别肌肉特异性基因的完整表达模式，而这些调控模块的时空特异性是由独特的转录因子组合建立。

9.3 猪脂肪组织的发育

近五六十年来，养猪界一直努力减少脂肪沉积。瘦肉猪育种使得商品猪屠宰时的脂肪含量从以前的35%～45%降到了现在的不到20%。猪肉的质量可以从外观品质、胴体组成和猪肉风味等几个方面考虑。脂肪的过度沉积影响动物产品的品质，可通过遗传选育、使用添加剂、免疫和营养调控等技术手段来改善胴体品质，增加瘦肉产量。

猪体脂肪沉积在皮下、肾周、肌间或肌内等不同组织。皮下脂肪占全身脂肪的60%～70%，肌间脂肪占20%～35%，肾周脂肪约占5%。因为皮下脂肪占的比重最大，并且背部的皮下脂肪厚度测量方便，可以以此来推测生猪的胴体脂肪含量。因此，人们对瘦肉型猪的选育主要着眼于降低皮下脂肪含量。其中肌间脂肪的含量对消费者影响最大，因为肾周和皮下的脂肪很容易分离。

(1)脂肪组织的发育规律。脂肪组织由大量的脂肪细胞组成，其中含10%～25%的水分，2%的蛋白质和70%～80%的脂类。猪体内脂肪可分为3种类型，即分泌脂肪、目标脂肪及沉积脂肪。目标脂肪是肌肉生长必需的脂肪，而沉积脂肪是体内过多的脂肪。当体脂含量达体重的30%以上或低于17%时繁殖性能降低。

瘦肉型猪(如大白猪)组织的生长势依次为骨骼→皮→肌肉→脂肪，而地方猪种(如二花脸猪)为骨骼→肌肉→皮→脂肪。在猪生长发育过程中，骨骼和肌肉等组织的增长随体重的增加呈逐渐下降趋势，而发育最晚的脂肪组织呈强度沉积态势。虽然因猪的品种、饲料营养和管理水平不同，脂肪组织生长强度有所差异，但基本表现一致性的规律，即出生时较高，然后下降，70～90日龄时回升，然后持续升高。

脂肪组织的生长发育包括脂肪细胞增殖和肥大两方面，前脂肪细胞的增殖和分化使脂肪细胞数目增加，而前脂肪细胞或脂肪细胞的凋亡或去分化导致脂肪细胞数目减少。脂肪细胞内脂类主要是甘油三酯含量的增多，使脂肪细胞体积增大和重量增加。

(2)研究认为脂肪细胞是由间质细胞发育而来，经骨骼肌表达的脂肪分化调控因子的刺激逐渐成熟，数量增加，然后随脂肪的合成，细胞质出现脂肪滴，并扩大充满整个细胞，形成丰满的卵圆形脂肪细胞。研究表明，骨骼肌内自身存在一个调控脂肪代谢的平衡体系，肌肉和脂肪之间存在多种分泌因子的相互作用。肌肉内脂肪含量的高低由脂肪细胞的数量和体积决定，与骨骼肌不同，骨骼肌肌纤维的数量在动物体出生前就已稳定，肌肉的生长只是肌纤维的肥大，而肌纤维的数量不发生变化；脂肪组织中则始终存在未分化的前脂肪细胞，根据体内的能量储存状态，终生进行分化和增殖。前脂肪细胞经脂肪分化因子刺激，数量增加，之后随脂肪细胞内部脂滴的增加而体积变大。脂肪细胞内的脂滴98%为甘油三酯，其余为甘油二酯，磷脂和胆固醇。

1)脂肪沉积时间。猪脂肪沉积主要是在生长发育后期(大约

80 kg 体重以后)。猪脂肪组织的增长,实际是脂肪细胞数量增殖和体积增大的综合表现。在生长发育前期,以脂细胞分裂为主,后期则以脂细胞膨大为主;猪背膘脂肪的发育,是先外层后内层,到 16 周龄时,外层脂肪细胞数量达高峰,而内层脂肪细胞数量还在增加,一直到 24 周龄才达到最高值,其后脂细胞体积增大是脂肪量增多的主要原因。

2)猪体脂沉积规律。猪体脂分为棕色脂肪和白色脂肪两类,棕色脂肪主要分布在肩胛间、肩胛下、颈部、肾周、胸部动脉和下腔静脉周围。白色脂肪主要分布在皮下、腹腔内,肌肉、结缔组织以及内脏器官周围。猪的脂肪组织几乎承担了合成体内全部内源脂肪酸的任务。成年后脂肪组织就会迅速在皮下和腹腔内大量增长。猪体脂中 2/3 沉积在肌肉外部,剩余部分贮藏于肌肉间、肌肉内、肠及肾脏周围。

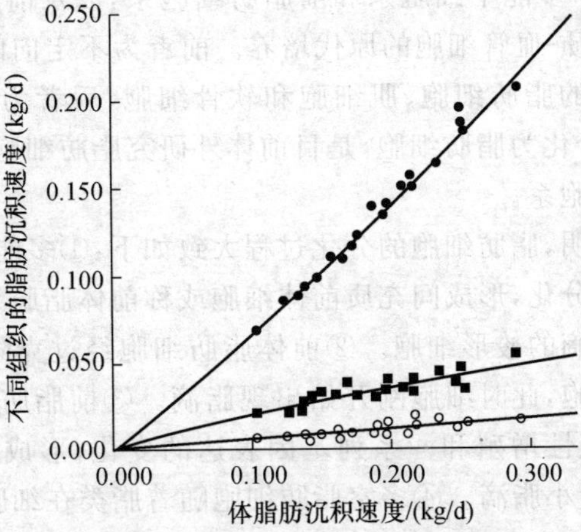

图 9-3　背膘(•),器官(○)和肌肉(■)
脂质沉积率与体脂沉积率的函数关系
(引自 Gerrits 等,1997)

脂肪沉积的顺序依次是内脏、皮下、腹脂和肌内脂肪，肌内脂肪与皮下脂肪沉积量呈正相关。

3)脂肪在猪的肌肉、器官、皮肤及皮下脂肪等不同部位的沉积速度与体脂肪的沉积速度几乎呈函数关系，见图 9-3。

9.4　猪脂肪细胞的发育

(1)脂肪细胞分化与增殖过程。脂肪细胞是由起源于中胚层的多能干细胞逐步发育分化形成的。在体内很难研究前脂肪细胞的分化，因为脂肪组织只包含了近 1/3 的脂肪细胞，还有 2/3 结合在小血管和神经组织上，以成纤维细胞和前脂肪细胞的不同发育阶段形式存在。通常采用体外合成的细胞系来研究前脂肪细胞的分化。目前，代表脂肪细胞不同发育阶段的两类细胞系已被作为细胞模型，即多能干细胞系和前脂肪细胞系，以及前脂肪细胞-脂肪组织的基质-血管细胞的原代培养。前者为不定向的细胞系，能转变为稳定的脂肪细胞、肌细胞和软骨细胞，后者为定向的细胞系，诱导后分化为脂肪细胞，是目前体外研究脂肪细胞分化应用最为广泛的细胞系。

研究表明，脂肪细胞的分化过程大致如下：①多能干细胞向脂肪细胞定向分化，形成间充质前体细胞或称前体脂肪细胞，为一种尚未出现脂滴的梭形细胞。②前体脂肪细胞经过克隆性增殖，形成前脂肪细胞，此时细胞刚开始出现脂滴。③前脂肪细胞经过生长抑制、克隆性增殖和一系列基因表达的变化，形成多室脂肪细胞，内含大量小脂滴。④多室脂肪细胞随着脂类在细胞中的沉积，小脂滴逐渐汇集成一个大脂滴，充满细胞的大部分，形成单室脂肪细胞，这是成熟的脂肪细胞。

猪前脂肪细胞的分化出现在 45～60 d 的胚胎，往往伴随血管细胞的分化同时同地进行。出生前一般只分化成多室脂肪细胞，生后3日龄开始出现单室脂肪细胞，之后多室脂肪细胞迅速形成单室脂肪细胞，10日龄时两种细胞几乎各占1/2。成年时单室脂肪细胞为脂肪组织中的主要细胞。与机体某些组织细胞不同，脂肪组织中始终存在未成熟的前脂肪细胞，可根据贮存能量的需要，终生进行分化和增殖。

(2)脂肪细胞分化与增殖的调控。多种激素和生长因子作用于特异性受体，其中胰岛素样生长因子-1(IGF-1)、环磷酸腺苷(cAMP)和糖皮质激素被认为是脂肪细胞分化所必需的，它们主要通过4条信号传导途径影响胞内机制调控脂肪细胞的分化。①IGF-1激活的酪氨酸激酶途径。②糖皮质激素/前列腺素(PGI_2)途径。③cAMP-蛋白激酶(PKA)途径。④脂肪酸激活受体(FAAR)途径。它们通过对转录因子的调节，调控脂肪细胞的分化。此外，细胞黏附分子和细胞外基质(matrix)调节细胞与环境之间的相互作用，可能导致细胞骨架的重新排列，影响分化的胞内机制。

(3)脂肪细胞的肥大。在多室脂肪细胞向单室脂肪细胞转化的同时，脂肪细胞的大小也逐渐发生变化。细胞直径、细胞表面积和细胞体积这几个细胞学参数在整个生长发育阶段都持续增大。一般脂肪组织中包括大小不等、形态各异的脂肪细胞，在能量正平衡时，小脂肪细胞不断增大，整个组织中脂肪细胞形态趋近一致，当细胞体积增大到一平台时，才出现细胞数目的增多，每一循环都是如此。目前还不清楚这种由细胞增大引起的细胞增殖机理。

不同部位脂肪组织发育的速度不同，这与前脂肪细胞的数目及分化能力、血液供应、神经支配和激素调节等因素有关。猪肌内脂肪的发育要晚于其他部位，肌内脂肪和皮下脂肪发育相对缓慢，而肾周脂肪生长迅速。有趣的是，体外试验的结果与体内不同，在体内以肥大为主的肠系膜脂肪细胞，在体外表现出最大的增殖能力；而在体内以增殖为主的腹股沟脂肪细胞，在体外则主要表现为肥大。这表明环境对脂肪组织发育起着重要的调节作用。

不同品种猪脂肪细胞发育的基本规律相同，但存在发育程度和时间早晚的差异。脂肪型猪的脂肪细胞株发育出现在胚胎45～60胚龄，早于瘦肉型猪。脂肪型猪的脂肪细胞成熟速度较慢，有较长久的增殖和肥大能力，而瘦肉型猪脂肪细胞成熟较早，增殖和肥大能力较小。

(4)脂肪分解是在线粒体内进行的，相对于合成来讲，人们对分解的研究较少，某些机理尚不清楚，仅有的几篇文献认为，在激素敏感脂酶(HSL)的催化下，脂肪水解生成甘油和脂肪酸，测定脂肪中 HSL 的活性和血液中脂肪酸的浓度，可以反映脂肪分解的情况。无论是内源性脂肪还是外源性脂肪，多储藏于脂肪组织，当机体其他组织需要时，又动用起来运至需要的地方。脂肪运输是在血液中进行的，除游离脂肪酸是与血浆清蛋白结合形成可溶性复合物运输外，其余都是以脂蛋白的形式运输，其中，脂蛋白脂酶(LPL)对其运输有重要调节作用，LPL 活性的高低是脂肪蓄积程度的标志，也是决定脂肪细胞大小的重要因素。

9.5 猪脂肪代谢的营养调控

(1)影响商品猪体脂肪沉积的因素。主要有遗传、年龄、性别和营养等。

从遗传角度看，有双肌基因和肥胖基因，可以影响猪的胴体组成；有几个降低猪肉品质的基因，肌肉脂肪基因(FG)、氟烷敏感基因(HAL)、酸肉基因(RN)和抑激素基因；这些基因对猪肉品质的影响占 30%，其他 70%来自饲料和饲养管理(Andersen，1999)。

动物的遗传组成会影响动物的摄食偏好，比如沉积脂肪能力强的品种喜欢高能高脂饲粮，而沉积瘦肉为主的动物则偏向摄入更多的蛋白质(I. Kyriazakis et al，2010)。所以目前有报道差异化饲养，给予不同饲料，让猪自己选择采食哪种饲料。

猪的性别也是影响剩余能量用于沉积脂肪程度的一个因素。由于阉公猪采食量比阉母猪高10%～12%，阉公猪与阉母猪的瘦肉生长率相近，因此阉公猪体内脂肪多于阉母猪（Whittemore，1980）。据资料分析，去势的公猪日增重比未去势的提高10%左右，育肥期缩短20 d左右，节省饲料8%，瘦肉率提高3%～5%。

受到持续病原刺激的猪只，其免疫系统长期处于活跃状态，机体需要不断地产生抗体，营养成分消耗在免疫系统内，造成瘦肉增长的营养缺乏而瘦肉增长效率下降，也同时引起肉质变差（刘敬顺，2003）。

猪出生后的营养，包括能量、蛋白质、脂肪、矿物质、维生素和添加剂以及饲养管理模式，都可以影响商品猪的肉质。日粮（营养供给、饲养体系）因素对肉质的影响是毋庸置疑的，但其受不确定因素的干扰，其作用不稳定。试图从单方面营养或者是遗传选育的角度改善肉质是不可行的。改善猪肉脂肪质量最有效的营养措施是维生素E和共轭亚油酸（CLA）。饲粮高水平维生素E提高体脂的氧化稳定性、延长货架期，CLA对提高腹脂硬度有明显益处，能否在生产中推广这些技术关键是经济效益问题。影响脂肪质量的其他营养方法只用于避免问题发生，而不是真正的改良提高。

营养水平不仅决定猪增重速度和饲料利用率，而且直接影响胴体蛋白质及脂肪的比例。日粮中的能量、蛋白质水平是调控猪胴体品质的重要因素，日粮脂肪和脂肪酸、维生素、矿物质元素和添加剂也影响猪胴体品质。

营养因素在养分分配沉积调控中起重要作用。营养因素可直接影响养分分配沉积，也可通过影响内分泌因素来间接影响养分分配沉积。营养与基因表达的关系一般表现为两个方面：一是养分的摄入量及平衡状况影响基因表达；二是基因表达的结果影响养分的代谢途径和代谢效率，并决定养分的需要量。

如何调控猪体脂肪沉积，改善胴体品质，是直接关系到养猪效益的问题。以往对脂肪沉积的研究主要集中在下丘脑对摄食的神经内分泌调控，而近年来随着对脂肪细胞发育研究的深入和对其分泌功能的发现，越来越多的证据表明脂肪细胞本身对脂肪沉积起着重要的调节作用。

(2)饲粮脂肪对猪肉品质的影响最大。猪能完整地吸收脂肪酸并沉积于脂肪中，猪肉脂肪中的脂肪酸组成与日粮中的脂肪酸密切相关。如猪饲粮中添加1%或3%的鱼油，可显著增加体脂中多不饱和脂肪酸含量，脂肪异味增大，且随鱼油的用量增加愈趋明显。因而，通过改变饲粮中脂肪酸组成，达到既提高肉中不饱和脂肪酸含量又保证肉的加工储存质量不受影响，已成为肉质调控研究的热点。

日粮的脂肪酸组成可影响胴体脂肪的成分和风味，肌肉脂肪也受到同样影响，因此在日粮中添加特异性的脂肪酸可以改善肉的品质。自由采食而非限制饲养可产生较嫩、多汁的肉，同时在屠宰前3～5周采用高能低蛋白日粮，还可以进一步加强该效应。据研究，甲基吲哚和吲哚(猪粪便中的一种有机物)在猪肉的风味感觉中具有重要作用，它的产生和日粮中的纤维及纤维类型有着重要关系，例如饲喂甜菜浆(其中含有大量可溶性纤维)可降低猪肉中甲基吲哚的浓度，从而提高人们对猪肉的喜爱和接受程度。

据Chen等(2006，Domestic Anim Endocrinol)报道，日粮脂肪酸类型对猪体不同部位脂肪组织分泌的瘦素(Leptin)及其受体表达的调控不一样，这表明，不同部位脂肪组织对自身的反馈性调节作用不同。而且在特定能量水平范围内(13.4～16.7 MJ/kg)，脂肪酸类型比日粮能量水平对生长猪体脂代谢的调控更重要。

1)脂肪酸的特性影响饲料中脂肪的可消化性，不饱和脂肪酸的利用率高于饱和脂肪酸，并随着不饱和程度的增加而增加。含不饱和脂肪酸较多的植物油与含饱和脂肪酸多的动物油相比，粪能损失少，相应地，植物油的代谢能高于动物油。饲料中不饱和脂肪酸含量高，胴体中不饱和脂肪酸含量就也高，而饱和脂肪酸则无此相关性。多不饱和脂肪酸比饱和脂肪酸或单不饱和脂肪酸在体内产生较少的脂肪沉积。

2)猪体脂肪来源于猪内源脂肪和饲粮脂肪两方面，饲粮内的不饱和脂肪酸可直接沉积为体脂，体脂肪成分在一定程度上反映了饲粮脂肪的成分。因此，确保体脂肪成分在可接受范围内，可通过选择饲粮脂肪来调控体脂肪成分。限制能量摄入减少了内源脂肪的合成，使沉积体脂中源于内源的比例减少、源于饲粮的比例增加。从饲粮中吸收的脂肪酸，特别是多元不饱和脂肪酸，能特异性抑制内源脂肪酸的合成，增加饲粮脂肪成分对体脂成分的影响。

饲料中使用不饱和脂肪酸，现在多用的是亚麻酸，它是合成二十碳五烯酸(EPA)和二十二碳六烯酸(DHA)的原料，而这两种物质对人的保健具有重要作用。人的食物中亚麻酸含量偏低，在猪的日粮中添加1%～2%亚麻籽油，肥育猪饲喂8～10周后出栏，可使胴体脂肪的亚麻酸含量由1.3 mg/kg脂肪酸增加到3.9 mg/kg脂肪酸，这对于增加猪肉的营养价值具有重要意义。

3)饲粮脂肪往往比内源脂肪不饱和程度高(高碘价)，所以饲粮中添加脂肪通常使胴体脂肪变软，软脂肉会给肉品加工带来一系列问题。另外，软脂肉中的不饱和脂肪酸易于氧化并产生异味从而降低其食用价值。

育种使猪越来越瘦(内源脂肪合成减少)和生产中趋向于用高能饲粮(高脂肪)，导致胴体脂肪不饱和问题越来越受到重视。因为猪不能合成亚油酸(C18：2)，所以人们往往在饲料中添加亚油酸，但由于饲粮脂肪直接沉积为体脂，亚油酸吸收后会沉积于脂肪组织中会导致软脂肉，英国规定日粮中亚油酸的添加水平不能超过 1.6%。

鱼油、玉米油、松子油中含有多不饱和脂肪酸，它能调控脂肪细胞的增殖分化和有关脂肪代谢酶和蛋白的基因表达，可在降低血脂、胆固醇以及调控脂肪的沉积等许多方面广泛应用。

使用高油玉米通常增加饲粮脂肪的含量和碘价。

饲料中添加鱼油时，由于鱼油富含多不饱和脂肪酸 C20：5 和 C22：6，易酸败形成异味，因此会同时影响猪肉脂肪酸的组成和风味。

4）日粮脂肪含量对体脂肪的影响。日粮中加入饱和油脂或氢化油脂，可减少脂肪酸沉积，有利于改善肉质。日粮脂肪含量低于 4%，每克体脂中亚油酸含量保持在 150 mg 以下，对背膘硬度无影响。一般而言，饲料中多元不饱和脂肪酸比例以 12% 为安全限度。

实践证明，在日粮中添加甘油可以改善肉质，因为甘油可以参与糖的异生及脂肪合成，并可作为一种快速利用的能量物质以代替糖原供动物在屠宰前的几小时应激时利用。Mourot（1993）证实，向日粮中加入 5% 甘油对屠宰后 45 min 与 24 h 肌肉 pH 及色度指数没有影响，但是减少了背最长肌与半膜肌的滴水损失及火腿加工过程中的损失。

5）有些人相信摄入大量的 n-3 脂肪酸可以防止冠心病，营养学家和消费者对增加猪肉和其他食品中这些脂肪酸含量越来越感兴趣。然而可能是由于极易被氧化，n-3 脂肪酸也有副作用，主要是这类脂肪酸的富集会导致猪肉丧失风味。Canola 油富含 n-3 脂肪酸，在猪饲粮中的使用引起了较多关注。Miller 等（1990）报道的 n-3 脂肪酸对猪肉可接受程度的影响见表 9-2。

（3）饲粮脂肪影响猪脂肪代谢的机理。日粮中每添加 1% 的脂肪，就会使日粮的效率改进约 2%。日粮中脂肪酸对脂肪代谢的影响主要通过影响脂肪酸合成酶、乙酸辅酶A羧化酶、脂蛋白酶(LPL)和乙酸CoA脱氢酶活性起作用。

表 9-2 *n*-3 脂肪酸对猪肉可接受程度的影响

指标	饲粮脂肪来源[a]				
	对照	动物脂肪	红花油	葵籽油	Canola
背景长肌脂肪组成[b]					
油酸(18∶1)	47.4[x]	44.6[v]	48.8[y]	51.7[z]	45.9[wx]
亚油酸(18∶2)	6.7[wx]	11.5[z]	10.4[y]	8.4[x]	12.3[z]
亚麻酸(18∶3)	1.5[y]	1.6[y]	1.4[y]	1.5[y]	3.0[z]
品尝评分					
气味[c]	5.2[y]	5.4[y]	5.3[y]	5.4[y]	4.7[z]
适口性[c]	5.1[yz]	5.3[y]	5.2[yz]	5.1[yz]	4.6[z]
异味百分比[d]	19.0	18.8	19.6	17.5	28.6

注:a. 饲粮含有10%脂肪;b. 整个脂肪酸百分比;c. 范围是1～8,8表明适口性和气味最佳,1最差;d. 品尝小组中发觉有异味的成员比例;v,w,x,y,z没有相同上标的表示差异显著($P<0.05$)。

1)日粮中脂肪对脂肪酸合成酶的活性有抑制作用,但这种作用与日粮中脂肪酸的含量、脂肪酸的饱和程度、链的长短、双键位置等多种因素有关。Meramann等(1973)报道,在成年猪日粮中添加脂肪酸,可降低脂肪酸的合成和脂肪酸合成酶的活性。Donaldson(1985)试验表明,乙酸辅酶A脱氢酶和脂肪酸合成酶活性随饲粮脂肪水平升高而降低。

日粮脂肪酸除了对脂肪合成酶有直接作用(如脂酸辅酶A是乙酸辅酶A羧化酶的变构抑制剂)外,还可以通过调节生脂酶的表达发挥作用,这是抑制生脂作用的重要原因。研究表明,鱼油能显著降低脂肪酸合成酶的基因转录,日粮多不饱和脂肪酸是脂肪酸合成酶 mRNA 的强抑制剂，这种抑制作用不依赖胰岛素的作用，也不是通过 cAMP 介导完成的。

2)脂肪酸控制基因转录的能力取决于脂肪酸的碳链长度、双键位置和数量。饱和脂肪酸、只有一个双键的脂肪酸和 *n*-9 脂肪酸族不能抑制脂肪酸合成酶基因表达，*n*-6 和 *n*-3 是这些基因表达的强抑制剂，*n*-3 脂肪酸对脂肪酸合成酶基因转录的抑制比 *n*-6 脂肪酸有效。

多不饱和脂肪酸能增加线粒体中脂酸 CoA 脱氢酶的表达。脂酸 CoA 脱氢酶在线粒体中表达水平的提高，使较多的多不饱和脂肪酸发生氧化，体内的乙酸 CoA 含量增加，导致从碳水化合物合成的内源性脂肪酸增加，这比从饲粮中吸收脂肪酸直接沉积于体脂肪中所消耗的能量要多(Emmans,1994)。

日粮中脂肪的含量和种类对控制 LCFA 进入线粒体的肉碱棕榈酸转移酶(CPT，主要位点是 CPTI)以及胰脂肪酶基因表达有影响。Rickstts 的研究结果显示，胰脂酶 mRNA 含量随脂肪含量的增加而增加，而胰脂酶的活力取决于脂肪类型和含量。脂酶活性与红花油采食量有线性关系，而喂猪油组无线性关系。

Raclot(1999)总结了不同多不饱和脂肪酸对基因表达的调节作用，认为多不饱和脂肪酸对特异基因表达的调控具有组织特异性。多不饱和脂肪酸的主要作用机制是抑制基因转录，降低 mRNA 水平。

(4)共轭亚油酸对皮下和肌内脂肪有不同影响。共轭亚油酸(CLA)能减少皮下脂肪沉积，增加肌内脂肪沉积，改善肉质(Dugan 等，1997)，但也有不同报道。

共轭亚油酸(结合型亚油酸，CLA，即十八碳二烯酸)是养猪生产中的一种新型添加剂，CLA 是一种由葵花油生产而得的脂肪酸。CLA 在养猪生产中最为引人注意的特性是减少猪的脂肪沉积。Dugan(1997)与 Thiel(1998)先后证明，日粮中加入 CLA 可显著降低背膘厚度,皮下脂肪沉积减少,而肌内脂肪含量增加。1998 年 Thiel 还报道改善了增重效率。

据李德发(2004)介绍,CLA 可以通过调控转录因子基因的表达,降低前脂肪细胞的分化,加速前脂肪细胞的凋亡;也可以通过抑制与脂肪合成相关酶的活性,促进与脂肪氧化相关酶的活性,降低脂肪合成。所以在饲粮中添加 CLA,肥育猪皮下脂肪沉积量显著降低,瘦肉沉积量显著增加。据报道,在 0%~1%的添加范围内,随饲粮共轭亚油酸水平的提高,猪的脂肪沉积速度线性下降,在最高饲粮共轭亚油酸水平下,比对照组降低 31%;瘦肉沉积速度则随饲粮共轭亚油酸水平的提高呈二次曲线变化规律,即瘦肉沉积速度随饲粮共轭亚油酸水平的提高先急速上升,在 0.5%饲粮共轭亚油酸水平下达到顶点(此时的瘦肉沉积速度比对照组高 25%),而后放缓,但仍显著高于对照组。

除增加胴体瘦肉率外,饲粮中添加 CLA 还提高了肌肉的大理石花纹评分。猪饲养试验和原代前脂肪细胞培养的体外试验表明,肌内脂肪与皮下脂肪的发生和沉积受不同机制调控,其对营养调控也表现为不同的响应方式,CLA 抑制皮下脂肪沉积、增加肌内脂肪,这表明我们可以突破传统认识,在保持皮下脂肪不增加的前提下,提高肌内脂肪含量。此外,CLA 能使体脂成分从不饱和向饱和转化(Eggert 等,1998; Waylan 等,1999),提高腹脂的硬度。对腰肌和腿肌硬度影响的报道不一。

共轭亚油酸可以通过调控细胞转录因子 PPAR γ 基因的表达,调节信号传导通路,抑制前炎性细胞因子的表达,调控免疫和炎症反应。

共轭亚油酸具有提高猪的饲料利用率、降低猪肉中脂肪的沉积、提高瘦肉率、改善猪肉品质、调节猪的免疫机能、缓解因免疫应激而造成的生长抑制等潜力。经毒理学试验,共轭亚油酸在动物中使用未发现任何副作用。因而,作为一种潜在的安全环保型免疫调节剂和营养重分配剂，共轭亚油酸在养猪生产中将具有广阔的应用前景。

在饲粮中添加0.12%～1.0%的CLA，可显著减少皮下脂肪沉积，降低脂肪合成速率或背膘厚，提高瘦肉率、眼肌面积、背最长肌的大理石纹评分或肌内脂肪含量，改善机体的腹脂硬度。在猪饲粮添加0.75%的共轭亚油酸可显著降低猪肉的脂肪氧化作用，从而延长猪肉的贮存时间。

(5)脂肪细胞抗体疫苗。美国专家研究出一种减少猪肉中脂肪的新方法，可减少10%以上的脂肪。这是一种名叫“脂肪细胞抗体”的疫苗，将这种疫苗给仔猪接种，它能攻击脂肪细胞，使其在猪体内的数量减少。采用这种方法，可增加肉猪的瘦肉率，提高猪的商品价值。

(6)能量和蛋白质摄入水平影响猪胴体组成。适宜的饲粮能量和蛋白质水平除对动物的生长肥育性能、胴体瘦肉率和饲料成本起关键作用外，还对肉的风味、嫩度、多汁性等特性产生影响。一般而言，脂肪沉积取决于饲料能量水平高低；而瘦肉量取决于饲料中蛋白质水平高低。生长肥育猪用于维持和增重后剩余的那部分能量则以脂肪形式存贮。剩余能量越多则脂肪沉积越多，猪上市时胴体瘦肉率也就越低。因此，利用这一特点，可以提高肉猪胴体的瘦肉产量。

1)日粮能量水平主要影响猪的生长速度、胴体组成性状和猪肉的pH。高能饲料有利于脂肪沉积和提高脂肪酶活性，自由采食比限饲的动物有更多的肌肉脂肪和更好的嫩度。张克英(2002)报道，提高日粮能量水平可以加快猪的生长速度，但会造成肌内蛋白沉积受阻，未被利用的能量以脂肪形式沉积于肌内、肌间及脂肪组织中，降低胴体瘦肉率。这与Hommood(1944)提出的原理非常一致。

饲粮能量水平直接影响活体猪肌肉的糖原贮存量，宰前短期禁食能减少肌肉糖原贮存量，从而延缓 pH 降低速度，有效防止 PSE 肉的发生（Schaefer 等，1995）。

2）饲料蛋白质水平是影响猪生长速度和胴体构成的主要营养因素。日粮蛋白质摄入不足会降低胴体瘦肉率，增加脂肪沉积；摄入过量又会降低瘦肉生长效率，增加饲料/瘦肉比。提高蛋白质水平，同时保证各种氨基酸的均衡供给，有利于胴体瘦肉率的提高。降低饲粮粗蛋白质水平添加合成氨基酸可以降低猪肉背膘厚度，增加眼肌面积和瘦肉率。

日粮蛋白质含量可影响猪胴体肌肉中脂肪酸类型和水平，从而改善肉风味和嫩度。Goerl 等（1995）对 28～104 kg 猪研究表明，背膘厚度随着日粮粗蛋白质水平的提高（10%～25%）而直线下降，眼肌面积的增大则与粗蛋白水平的提高呈二次方关系，瘦肉率增加，但肌肉大理石花纹减少，嫩度下降，腿肌脂肪含量下降，而水分和蛋白质含量增加，背最长肌水分、脂肪和蛋白质含量对日粮粗蛋白质水平的反应呈二次方关系。

日粮蛋白质摄入不足可能降低胶原蛋白的合成数量，并减少胶原蛋白交联结构的形式，这可能与低蛋白质饲粮改善肉嫩度有关。研究结果发现，随饲粮蛋白质水平增加，猪胴体背膘厚度下降，瘦肉率增加；同时，肌肉大理石纹减少，肉嫩度下降。日粮中提高理想蛋白质水平可显著提高眼肌面积和瘦肉率，而皮脂率和背膘厚度趋于下降，胴体脂肪含量也显著下降，但肌肉增多（表9-3）。因此，日粮蛋白质的含量须与猪的蛋白质需要量相适应才能获得最大的蛋白质沉积和最佳的猪肉品质。

研究表明，采食高能低蛋白日粮的猪，其肌内脂肪显著高于采食常规日粮的猪。只要蛋白质相对于能量来说供应不足，瘦肉生长就会受到抑制，就会有多余能量沉积为脂肪。因此确定能量和蛋白质的平衡显得尤为重要。

表 9-3 理想蛋白质水平对肉质的影响

IP 水平/%	眼肌面积/cm²	瘦肉率/%	眼肌 pH1	肉色评分	大理石纹评分	肌内脂肪/%	滴水损失/%	失水率/%
20	35.0	57.5	6.20	3.2	3.0	2.3	4.0	19.5
17	32.6	57.2	6.23	3.2	2.7	1.9	2.7	18.7
14	32.1	56.1	6.27	3.2	3.0	2.6	2.7	15.2
11	32.0	53.5	6.04	3.2	3.8	4.6	2.0	21.8
8	27.0		6.02	3.3	3.5	4.1	2.5	22.6
显著性($P<$)	0.01	0.01	NS	NS	0.05	0.05	0.01	NS

数据来源:陈代文,2002。

目前,蛋白质对脂肪酸合成酶基因的表达调控报道不多,但认为增加动物日粮中蛋白质的含量,能抑制动物脂肪酸合成酶基因的表达调控。Milchlke(1991)研究表明,高蛋白日粮将抑制猪脂肪细胞中脂肪酸合成酶基因的表达,组织中该基因的 mRNA 含量显著下降。他们采用蛋白质含量分别为 14%、18%、24%的日粮饲喂肥育猪,屠宰后测定脂肪组织中脂肪酸合成酶 mRNA 含量,发现高蛋白日粮组中的含量分别下降了 11.73%和 48.24%,而肝脏中的含量却基本没有变化。可见,日粮中蛋白质含量的高低能调控脂肪组织中脂肪酸合成酶基因的表达。

(7)日粮氨基酸对猪肉质量的影响。蛋白质和氨基酸主要影响瘦肉率和肌内脂肪含量,低蛋白质、低赖氨酸饲粮对提高肌内脂肪含量有帮助。日粮氨基酸与能量之间的比例对肌内脂肪沉积起决定性作用。日粮中的氨基酸组成符合动物的理想蛋白模式才能得到最佳生产性能。成年猪的理想蛋白质平衡模型并不与仔猪一致。但是笔者强调，在断奶时期短期补充谷氨酰胺等保护肠道免受损伤，可以提高育肥期的生产性能和胴体品质。

日粮中添加某些氨基酸影响屠宰后肌肉组织的理化特性和猪肉品质。氨基酸主要是通过影响 DNA 的转录和 mRNA 的稳定性和翻译而调控基因的表达（罗钧秋等，2006）。氨基酸本身及氨基酸与激素相互作用在调控基因表达中发挥着重要的作用（冯杰，2000）。饲喂氨基酸不平衡日粮将刺激氨基酸降解酶活性的提高，进而加快氨基酸的降解。

据刁其玉（2007）报道，背膘主要受日粮能量水平调控，而肌内脂肪主要受赖氨酸与消化能的比例调控，这种调控作用因品种不同而有差异，中国地方品种——荣昌猪比 PIC 猪更敏感。Szabo 等（2001）研究中，随着 Lys/DE 比值的增加，左半片胴体粗蛋白质含量显著增加，粗脂肪含量显著降低，对粗灰分含量没有影响。补充赖氨酸对肌肉纤维类型没有影响，但能增加某些肌肉体积和肌纤维直径，增加背最长肌面积，降低肌肉的多汁性和嫩度。

从猪肉品质的角度考虑，低赖氨酸饲粮对提高猪肉的肌内脂肪含量有益。提高日粮赖氨酸水平可使背最长肌面积增加，肌肉多汁性和嫩度下降，脂肪含量降低，水分及蛋白质含量增加。但过量时生产性能反而下降。

色氨酸可通过促进大脑复合胺的分泌，增强猪的抗应激能力，并达到改善肉质的目的，添加色氨酸可以有效解决与屠宰前应激有关的 PSE 肉问题（Ball，1988；Warner，1990）。饲料中添加色氨酸，必须考虑日粮的氨基酸平衡，尤其是色氨酸与亮氨酸、异亮氨酸、缬氨酸、苯丙氨酸和酪氨酸之间的平衡，因为这些氨基酸竞争通过血脑屏障，这无疑限制了色氨酸在饲料中的添加。

苏氨酸在玉米中为第三限制性氨基酸，在高粱、大麦、小麦和其他谷物饲料中为第二限制性氨基酸，当低蛋白质日粮中有合成赖氨酸添加时，苏氨酸则可能成为猪日粮中的第一限制性氨基酸。

添加苏氨酸以降低蛋白质水平是目前的研究热点。提高生长肥育猪日粮苏氨酸水平可显著提高日增重和饲料转化率以及瘦肉率、胴体肌肉和眼肌面积、背最长肌中水分和蛋白质含量；随着日粮苏氨酸含量的增加，第10肋骨处的背膘厚、胴体脂肪和背最长肌的脂肪含量呈线性下降趋势。

(8)类氨基酸添加剂对猪肉质量的影响。目前报道较多的与供甲基有关的氨基酸类主要有肉碱、甜菜碱与胆碱、天门冬氨酸等；含硫的氨基酸类主要有胱氨酸、半胱氨酸、牛磺酸和蛋氨酸等。

肉碱有左(*L*-型)、右(*D*-型)旋两种旋光异构体，只有*L*-肉碱具有生理活性。*L*-肉碱是一种水溶性氨基酸，又称肉毒碱，其化学结构与胆碱和甜菜碱相似。*L*-肉碱性质稳定，它的饱和键和官能团具有较好的水溶性和吸水性。*L*-肉碱存在于动植物体内，是微生物、动物和植物的基本成分之一。成年哺乳动物能在肾脏和肝脏合成，但幼年动物的体内合成量不能满足需要，需从饲料中补充。

L-肉碱是将脂肪酸转运进入线粒体的载体，并使其在线粒体基质中氧化，从而加快机体脂肪酸氧化的速度，并最终降低血清胆固醇及甘油三酯；90%的肉碱分布于动物的肌肉组织中。所以在肥育猪日粮中添加*L*-肉碱已成为提高胴体瘦肉率的途径之一。

Newton 等(1992)报道，给体重为74.6 kg的肥育猪饲喂添加*L*-肉碱5 mg/kg的日粮35 d后，日增重提高3.16%，料重比下降4.62%，背膘厚也有所下降。Owen 等(1993)给23～104 kg体重阶段的猪添加25 mg/kg *L*-肉碱，结果猪生产性能无差异，背最长肌面积明显增大，脂肪沉积速度显著降低。Smith 等(1994)在34～102 kg体重阶段向猪饲粮中添加*L*-肉碱50 mg/kg，较未添加组明显降低猪的平均背膘厚，提高背最长肌面积与猪体瘦肉率。Owen 等(1994)以不同剂量肉碱(0 mg/kg、25 mg/kg、50 mg/kg、75 mg/kg、100 mg/kg、125 mg/kg)饲喂生长和肥育猪，结果猪眼肌面积显著增加，背膘厚度明显下降，其中添加量以 50 mg/kg 的效果最佳。

甜菜碱（三甲基甘氨酸）广泛存在于动植物组织中。甜菜碱对动物脂肪代谢的作用，一是甜菜碱提供甲基，部分替代胆碱合成磷脂酸胆碱，促进肝脏脂肪转运，抑制肝脏脂肪蓄积；二是甜菜碱提供甲基，部分替代蛋氨酸合成肉碱，促进动物脂肪氧化分解，从而产生降低动物体脂含量或重新分配体脂的作用（图 9-4）。

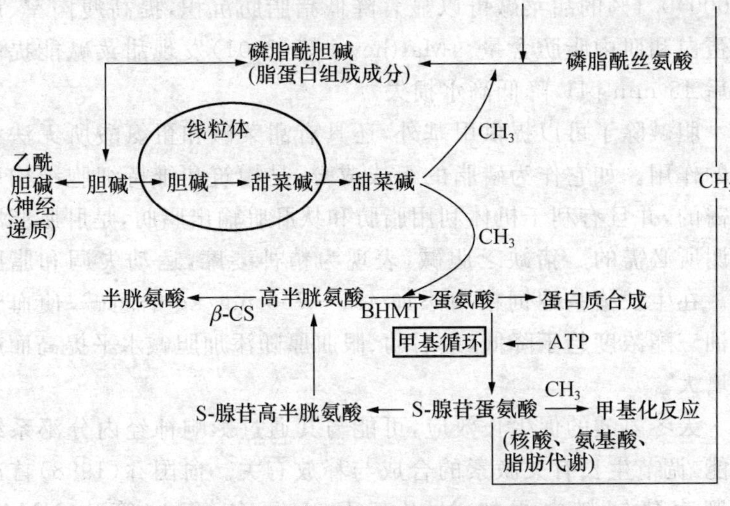

图 9-4 蛋氨酸、甜菜碱与胆碱的代谢关系

（巫径，2000）

所以甜菜碱可降低胴体脂肪率、提高瘦肉率，背最长肌中肌红蛋白、肌内脂肪和肌苷酸含量大幅度提高。氧化三甲胺也是一种甲基供体，能够显著降低背膘厚和背最长肌苍白评分，对瘦肉率也有提高的趋势。甜菜碱可提高肌红蛋白的含量，改善肉色；提高肌肉中肌酸和肌苷酸的含量，改善风味；增加肌间脂肪的含量，提高嫩度。

Caclogan 等(1993)报道,屠宰前 35 d 在母猪饲料中添加甜菜碱 0.125%使背膘减少 14.8%。Shurson 等(1994)也得到类似结果。许梓荣等(1998)在肥育猪饲料中添加 1 250～1 750 mg/kg 的甜菜碱,饲喂肥育猪 40 d,眼肌面积增大,背膘厚度降低,猪肉的 pH、系水率、大理石纹评分和肌肉颜色都得到很大提高。很多研究还证实不同性别的猪对添加甜菜碱的反应不一致,例如,在降低背膘方面阉猪要好于小母猪(Laurence 等,1995)。汪以真等(2000)0.1%的甜菜碱可以显著降低猪脂肪沉积,提高瘦肉率、肌红蛋白和肌内脂肪含量。Matthews 等(2001)发现甜菜碱能提高宰后 45 min pH,降低滴水损失。

胆碱除了可以提供甲基外,还具有甜菜碱和蛋氨酸所无法替代的作用。如它作为磷脂的组成成分,是构筑和维持细胞结构所必需的,并且有利于机体利用脂肪和从肝脏输出脂肪,是肝脏脂肪代谢所必需的。猪缺乏胆碱,表现为精神萎靡,运动失调和脂肪肝。在生长猪基础饲粮中添加 450～750 mg/kg 的胆碱,使血清甘油三酯浓度趋于降低,最后肋、眼肌厚随添加胆碱水平提高而趋于增大。

天冬氨酸的促生长效应,可能与其通过影响神经内分泌系统功能,调节生长有关激素的合成与释放有关。俞国乔(1998)首次在肥育猪饲料中添加 *N*-甲基 *D*,*L*-天冬氨酸(简称 NMA) 50 mg/kg,取得了显著的促生长效果,饲料转化率提高 9.59%,而且提高胴体瘦肉率达 4.08%,胴体脂肪率降低 3.50%,说明 NMA 是一种高效的促生长剂。许梓荣等(2001)在杜长大肥育猪日粮中添加 NMA 50 mg/kg,日增重提高 9.31%,饲料转化率提高 7.16%,胴体瘦肉率提高 6.53%,脂肪比率降低 11.76%,背膘厚降低 19.72%,眼肌面积提高 21.01%,背最长肌、股二头肌和半膜肌重量分别增加 11.3%、10.09%和 14.44%。

半胱胺(Cysteamine,CS),又称 β-巯基乙胺,相当于半胱胺酸的脱羧产物，是乙酰辅酶 A 的组成部分，因其含有活性的巯基和氨基而有多种生物功能，是动物体内的生物活性物质（Millad，1988），是一种半必需氨基酸，动物体内可以合成，在养猪业上用于促进动物生长。半胱胺分子结构式为 $HS—CH_2—CH_2—NH_2$，分子质量 77.15，为白色结晶，熔点 99～100℃，易溶于水及醇，呈碱性反应，在空气中易氧化成为二硫化物。由于其游离碱性的不稳定特性，一般制成盐酸盐，熔点 70.2～70.7℃。半胱胺可化学合成，也可以从动物天然毛发中提取。

半胱胺被认为是一种生长抑素耗竭剂，通过消除生长抑素对生长激素的抑制而促进动物生长。生长抑素是由神经系统和胃肠道产生的，它对单胃动物的生长激素、甲状腺素、胰岛素等代谢激素起到抑制性调节作用，严重制约了动物生长。近年来的研究表明，添加外源半胱胺酸能迅速选择性地降低动物体内生长抑素的免疫活性或使生物活性丧失，但对机体内其他激素没有影响。半胱胺主要通过这种机理来解除生长抑素对动物生长的抑制，从而提高生长激素的基线水平和其他受生长抑素抑制的有关激素的水平，抑制脂肪酶的活性，促进蛋白质的合成并加强消化道的蠕动和消化酶的分泌，从而起到促进动物生长和改善胴体品质作用。

包膜半胱胺是一种采用先进的微囊包被技术生产的饲用稳定型半胱胺盐酸盐。本产品通过神经内分泌途径，有效地调控生长抑素（SS）的浓度，促进生长激素（GH）分泌，提高畜禽生长速度，显著提高饲料转化率，是一种理想的免疫促生长添加剂，明显改善畜禽体型，提高胴体瘦肉率。半胱胺盐酸盐属激素调控类促生长添加剂。做饲料添加剂的是半胱胺盐酸盐微囊，含半胱胺盐酸盐 50%或 35%或 5%不等。包膜半胱胺对消化系统的刺激少了很多。鉴别包膜技术好坏的一个简便方法是：取些样品放置在空气中，过 10 min，看是否会变绿。变绿的就是包膜技术不好。

总结不同报道，在生长肥育猪基础日粮中添加半胱胺 200～

250 mg/kg，试验组瘦肉率比对照组提高 4.63%～5.42%（$P<0.05$），脂肪率比对照组降低 8.53%～9.52%（$P<0.05$），背膘厚比对照组下降 8.47%～10.17%（$P<0.075$）。不同剂量的半胱胺对猪消化道黏膜的作用完全不同。低剂量时保护消化道黏膜，高剂量会导致消化道黏膜溃疡。笔者推荐小猪日粮添加剂量为30～50 mg，中大猪 100～200 mg。这样的剂量效果好而没风险。

牛磺酸广泛存在于动物组织细胞内，在海洋动物中的含量尤为丰富。牛磺酸易在小肠中溶解并与脂肪混合形成乳糜微粒而被吸收。在肝中，牛磺酸可与胆汁酸结合形成牛磺胆酸，而牛磺胆酸是胆汁中的胆汁盐，有助于脂肪的溶解和降解，这对于脂类的吸收是必需的。最近的研究表明，不同水平的牛磺酸影响降脂效果，不同剂量的牛磺酸均可显著影响大鼠血浆脂质水平；但 6 mg/kg 牛磺酸降低血清总胆固醇、低密度脂蛋白胆固醇效果最明显。

Verland 等（1999）报道，0.2%的氧化三甲胺能显著降低脂肪率沉积、提高瘦肉率。

肌肽对提高肉品质量有重要作用。日粮中添加肌肽 100 mg/kg，可显著改善肉色和提高骨骼肌的氧化稳定性，保持肌间脂肪的含量与质量，提高猪肉的 pH，降低肌肉的滴水损失，降低肌肉 MDA 含量和肌肉蛋白质羰基化合物含量，延长肉品保存的货架期，并与维生素 E 具有协同作用。

胍基乙酸（guanid ineacetic acid，GAA）又称胍乙酸和 N-咪基甘氨酸（N-Am id inoglycine），是人和动物体内合成肌酸的主要内源性物质，分布在动物全身的各个组织器官中。一些研究发现：①GAA可以促进畜禽生长。胍肌乙酸是肌酸的前体物，性能稳定，吸收率高，能促使能量更多地分配到肌肉组织的合成。50～100 kg 阶段使用胍肌乙酸，可降低料肉比，提前出栏。②提高瘦肉率，改善肉质，尤其能够通过动物肌肉的快速沉积改善动物的体型。③GAA 在机体内合成肌酸时需要提供甲基，如胆碱和甜菜碱，而 NMDA 不仅仅能够提供甲基，还能够促进畜禽生长，改善肉色。④具有显著提高动物繁殖性能的特殊作用。⑤可以通过在饲料中添加胍基乙酸来补充肌酸。GAA 和 NM-DA 均是氨基酸衍生物，不会产生毒害作用。胍肌乙酸最终以肌氨酸酐形式被动物机体代谢出体外，机体内无残留。有效地克服了瘦肉精在生产实践中的毒副作用，安全性好。

继盐酸克伦特罗被禁之后，莱克多巴胺成为其主要的替代品，市场俗称为“白料”，属于 β-兴奋剂中的一个品种；由于 β-兴奋剂产品在生猪生长中的优势，促进蛋白质沉积、对呼吸道问题效果显著等，从而屡禁不止，并有学者根据美国并不禁止莱克多巴胺的使用为由，积极实验和争取合法使用。

莱克多巴胺还可以使乳仔猪具有同肥育猪效果一致的较高的蛋白质沉积效果，对仔猪皮红毛靓和腹泻都有显著作用，成为乳猪料生产公司的秘密武器。这种添加莱克多巴胺的乳猪料一旦换料并失去莱克多巴胺的添加，生长性能会明显停滞，并使整个生长期延后。这种隐蔽的使用方法因不受安全性关注、不易被察觉而被“秘密”使用(卢亮，2011)。

如果需要检测是否使用过 β-兴奋剂，即使通过技术手段解决了尿检问题，包括血检、屠体检验，也并不是不可寻，贝塔-兴奋剂连续使用一些时间，比如 1 周后，一般在猪的体毛中也会残留，而蹄角蛋白的代谢相对较慢，需要可能超过 1 个月的时间才能降低到痕迹量，因此并不能通过短期，比如 1 周的时间清除(卢亮，2011)。

越是“优良品种”的瘦肉型猪种，应激问题越多，包括屠宰应激，产生的屠体滴水和酸解变色也严重影响生猪屠宰后的产品上市，“冰鲜”肉或是不得已而为。莱克多巴胺对保持屠体的稳定性、减少 PSE 水猪肉具有显著效果，尤其以生猪屠宰为主导的公司。

(9)多糖和寡糖。在日粮中添加非淀粉多糖和寡聚糖，能够被大肠微生物优先利用，其发酵产生的挥发性脂肪酸能降低大肠内的 pH，使微生物对蛋白质的发酵作用减弱，从而显著降低猪被膘中粪臭素的含量，提高肉的总可接受程度。

饲料中添加 500 mg/kg 糖萜素，可改善猪生长性能，提高猪免疫和抗病毒功能，可清除猪体内自由基和加强机体的抗氧化作用，可提高猪抗应激的作用，提高肥育猪屠宰性能，降低猪肉亮度和黄色度，提高红色度，改善肉色，提高猪肉肌苷酸含量，降低猪肉胆固醇含量，改善肉质。

寡果糖不仅能改善动物肠道微生物环境，提高动物免疫力和促进动物生长，而且能降低动物血清中胆固醇的含量。有学者认为，寡果糖可以促进肠道双歧杆菌增生，而双歧杆菌有形成烟酸的作用。烟酸可通过抑制与脂肪合成有关的激素，从而降低脂肪蓄积量。

10 培育技术

动物机体的结构与技能是相互统一的。动物机体在一生中发生的几何或物理变化应该是为了保持其生理上的稳定，动物机体的结构和形态也是相互协调的，只不过人工选择不断打破动物机体原有的协调和平衡状态，最后在一个新的物理结构和几何形态基础上达成一种新的协调和平衡。动物机体的物理结构和几何形态与其功能的适应性高低，最终表现为生理平衡性。一般把动物机体的组织器官结构与机能的协调性和机体与外界环境的协调性称为“身体素质”或简称为“体质”(constitution；physique)。只有好的体质才有更多的生存和繁殖机会，在这一点上自然选择与人工选择是既对立又统一的。所谓对立，是指自然选择总是朝着有利于动物生存的方向，使那些身体素质好的个体有较多繁殖后代的机会；人工选择总是朝着有利于人类的方向，不断打破机体原有的结构、生理和机能上的协调性，使那些身体素质好的个体留作种用。所谓统一，是指人工选择也必须选择身体素质好的个体作为种用，只不过是在新的形态结构和机能上的协调性和平衡性。所谓家畜育种，从历史的角度来看，就是不断地打破家畜机体组织器官的结构与机能的协调性，同时又不断地在新的基础上建立新的更适合人类需要的结构与机能的协调性。

体质是表型(phenotype)，是基因型(genotype)与环境共同决定的。家畜体质不断打破和不断建立的人工选择过程，实质上就是家畜基因组(genome)的不断重组和不断进化的过程，这就是家畜育种(animal breeding)。

10.1 培育的概念与意义

同一动物体内的细胞都含有同样的基因，但是并非全部基因在同一时间都得到表达，实际上动物体全部基因在其一生中，并非都有表达，而是根据外界环境变化，其中只有不足20%的基因得到表达，这显示动物体存在基因表达调节体系，这种体系决定了哪个基因将被转录和翻译出相应的基因产物。

为了实现育种目标，根据家畜生长发育规律及表现这些规律的生理学和生物学机制，科学地采用饲养、管理、锻炼等环境条件，使家畜的基因型充分表达，从而为准确有效地选种和选配奠定基础，这就是培育(cultivating)。

过去一直讲，培育常通过一定饲养管理手段来体现，但不同于一般饲养管理。一般饲养管理是根据当前的生产-市场系统制订的最佳环境条件，而培育则是根据育种目标制订的品种育成后将要投放的生产-市场系统的环境条件。在现代化育种方案中，已经没有了这个差别。

培育是育种工作不可缺少的一个技术环节，是育种目标得以实现的必要条件。通过培育，首先可以克服基因型与环境互作问题，使在育种场表现好的畜群，在生产-市场系统中仍然优秀。其次是使那些在生产条件下可以创造较多利润的基因型能充分表现，以有机会被准确选留做种用。

仔猪有巨大生长潜力。体重50 kg以下时由于食欲和营养问题其生长发育总是受到限制。在研究条件下可获得的生长速度：5 kg的仔猪400 g/d，10 kg的仔猪700 g/d，20 kg的仔猪1 000 g/d。例如有报道，50日龄时仔猪达到了32 kg，总生长速度达到700 g/d。在试验条件下，虽然3周龄仔猪体重容易达到10 kg，但商品猪场很少超过7 kg，以5.5 kg计，折合日增重

$$(5\,500-1\,300)/21=200(\mathrm{g/d})。$$

28 日龄达到 7.5 kg 体重时的日增重是

$$(7\,500-1\,300)/28=(215\ \mathrm{g/d})$$

所以 28 日龄断奶后的目标就是尽快恢复 215 g/d 的日增重。

实践中，可以通过仔猪营养方案在一定程度上调控仔猪的生长发育。营养调控的主要内容大致包括：①生长调节轴的营养调控；②消化道内环境的营养调控；③免疫机能的营养调控；④采食量的营养调控；⑤动物产品品质的营养调控等几个方面。传统上常把营养归属于“环境效应”，动物生长发育是基因型与环境共同作用的结果，这里强调的是，营养可以调控基因型的表达，而且简单有效，快速安全。

日粮对基因表达的调控作用可加强断奶时仔猪对固体日粮的适应。仔猪生长速度、生长内容和饲料效率等都受遗传和环境两个因素影响。遗传因素包括品种（品系）、年龄和性别。环境因素包括饲料、母体效应、管理等。只有掌握全部影响仔猪生长发育的因素及对其生长发育的影响规律，才能设计出科学的饲料配方。

10.2 饲料营养对基因表达的调控

按发育生物学观点，日粮中常量养分如碳水化合物、蛋白质、氨基酸、粗脂肪均可在一定程度上影响动物基因表达。这种作用可发生在转录水平或转录后水平，从而影响机体代谢过程。

基因的转录和翻译，即基因表达，是决定动物生产的两个基本代谢活动。动物的一切代谢活动包括生长发育和繁殖，都是基因表达的结果。日粮营养物质对许多基因的表达有影响。虽然营养素不能改变动物体的遗传性状，但它可以通过启动或终止一些基因表达而改变遗传特征出现的时间框架。所以，可以通过改变日粮的组成来实现营养物质对基因表达的调控，由此可见，通过日粮的调节来控制基因的表达，从而影响动物的生产水平在生产中是可行的。

例如，脂肪酸合成酶复合物基因表达在转录和翻译水平上受养分调控。20碳、4个双键的花生酸可抑制该酶复合物基因转录。禁食可活化糖原异生和脂肪分解途径的基因，而喂以碳水化合物后则可以活化糖原分解和脂肪合成途径的基因。用脂肪代替碳水化合物后可以降低磷酸果糖激酶、丙酮酸脱氢酶以及乙酰辅酶A羧化酶的活性。高蛋白日粮可降低脂肪组织脂肪酸合成酶(FAS) mRNA的水平，但对肝脏组织FAS mRNA的含量没有影响，这样可以使体脂肪的沉积减少。维生素A氧化生成视黄酸可以调节生长激素和磷酸甘油脱氢酶的表达。铬可通过提高生长激素基因的表达来降低胴体的脂肪含量。

典型的基因表达是基因经过转录、翻译产生有生物活性的蛋白质的过程。含有一个生物体生存、发育、活动和繁殖所需要的全部遗传信息的是基因组。但生物基因组的遗传信息并不是同时全部都表达出来，典型的哺乳类动物细胞中开放转录的基因约在1万个上下，即使蛋白质合成量比较多、基因开放比例较高的肝细胞，一般也不超过20%的基因处于表达状态。当生物体周围的环境如营养条件变化时，生物体就要改变自身基因表达状况，以调整体内执行相应功能蛋白质的种类和数量，从而改变自身的代谢、活动等以适应环境的变化。

营养对基因表达的调控方式和途径表现在以下两个方面：一是养分摄入量和种类影响基因表达及蛋白质的合成；二是基因表达结果影响养分代谢途径和代谢效率，并决定动物需要量。

营养对基因表达的调节方式有2种：直接作用和间接作用。首先直接调控就是营养素可与细胞内组分，通常为调节蛋白(包括转录因子)作用，从而影响基因的转录速度及mRNA的丰度和翻译。视黄醇、钙三醇(1,25(0H)2vD3)和某些固醇和脂肪酸以转录因子的配体形式与其结合,从而改变基因表达。再如锌则是通过占据转录因子上的一个位点来增加转录率,而铁则是通过与那些可与 mRNA 作用的蛋白结合来影响 mRNA 丰度,最终提高或抑制它们的翻译。

第二种方式即为间接作用,特殊营养物质摄入可诱导次级介质(secondary mediator)的出现,其中包括许多信号传导系统、激素和细胞分裂素等。例如高碳水化合物日粮往往诱发胰岛素分泌量的增加,而胰岛素可调节脂肪酸合成酶基因表达,并刺激其合成,从而使动物体脂肪酸合成量增加。

简单地说,基因表达就是 DNA 转录为 mRNA,mRNA 再翻译为蛋白质的过程(图 10-1)。其中首先将基因激活为可转录结构,随后进行转录,接着进行初级转录体的加工和拼接。之后转运至细胞质中,最后 mRNA 翻译成为相应的蛋白质。对于某些特殊蛋白质还要经过翻译后的修饰,最终才能转变为活性蛋白。

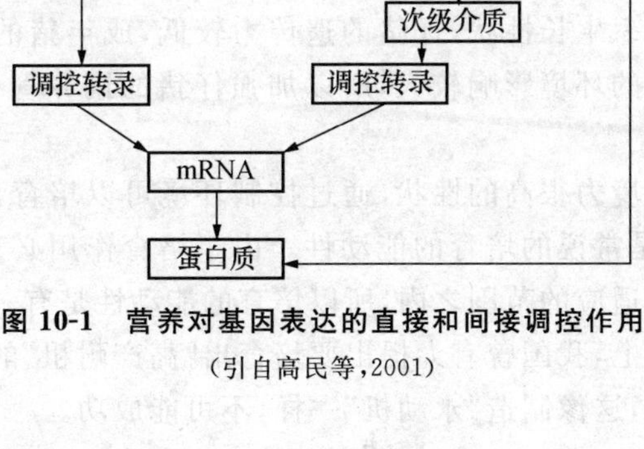

图 10-1 营养对基因表达的直接和间接调控作用

(引自高民等,2001)

研究显示,在从 DNA 到 RNA 再到蛋白质的每一步骤,基因表达都可被调控。基因表达调控包括:转录调节、RNA 加工调节、RNA 转运调节、翻译调节、信使 RNA(mRNA)稳定性调节以及翻译后调节,在每一个调节位点上营养素均可以不同方式对其发生影响。

总之,日粮中的营养成分可能通过多种途径来调控动物基因的表达,从而影响动物机体的代谢过程,并最终影响动物生长、发育和繁殖。因此,通过日粮配合来控制基因转录、翻译,调节基因表达,可以有效地提高和控制动物生长。

10.3 制定培育方案应注意的几个问题

(1)培育的能动性。数量遗传学已表明:$\frac{\sigma_a^2}{\sigma_p^2}+\frac{\sigma_d^2}{\sigma_p^2}+\frac{\sigma_i^2}{\sigma_p^2}+\frac{\sigma_e^2}{\sigma_p^2}=1$。对于遗传力很高的性状,培育的作用是有限的。同时,要明白估计遗传力的方法会导致估计结果有很大差异,所以要切实理解遗传力的概念和内涵,正确对待不同遗传力的性状。遗传力的高低是人为划定的,一般认为,遗传力在 0~0.1(0~10%)时为低,在 0.1~0.3(10%~30%)时为中等,高于 0.3(30%)时为高遗传力。一般地说,猪生长速度的遗传力属于中等偏上,不过受到年龄的较大影响。同一生长性状,仔猪的遗传力较低,成年猪的较高,这表明仔猪受到的环境影响较大,所以加强仔猪的饲养管理可以提高生产性能。

对于环境力很高的性状,通过控制环境可以培育出优良性状类型,这便是常说的培育的能动性。由于培育作用必须在家畜生物学特性能适应的范围之内,所以培育的能动性是有一定限度的。在猪的育种上,我国曾有人提出要培育出“高产耐粗”的新品种,既吃草又快长,这像制造“永动机”一样,不可能成功。

(2)培育条件与培育目标。过去常有人给育种群家畜以特殊优秀的饲养管理,不考虑品种育成后将要投放的生产条件。这种特培群在育种场表现很好,但投放市场后不一定好。有人用小鼠做过实验,同一群体分别在正常标准饲养和仅供给 3/4 标准的限制饲养两种条件下选择 5～8 代,限制饲养群改为正常饲养时与标准饲养的选择群有相同表现能力,而标准饲养的选择群改为限制饲养时,其表现能力低于限制饲养的选择群。由此看来,培育条件应当是品种育种成后将要投放的环境条件,或略低于这个条件,但决不能高于这个条件,搞特殊培养的育种是不安全的。

培育目标必须与育种目标相一致,且具体、合理、符合家畜生物学特性与规律。

(3)仔猪的生长潜力。现代遗传育种技术使猪群每年的遗传进展远大于过去,当前的猪比先前的猪生长速度更快、蛋白沉积更多,所以当前瘦肉型猪的氨基酸需求量高了(NRC,2012)。鉴于当前基因型猪对氨基酸需求的增加,研究主要集中于这方面。

仔猪早期营养水平对后期生长有奠基作用。早期体重大的到出栏体重所需时间也短,多数研究结果是,早期体重较小在后期生长中并不表现代偿性生长,早期限制蛋白质摄入量可限制后期体蛋白质沉积速度,例如断奶体重对后期的影响甚至比断奶后饲喂高营养饲料的影响还大。现在饲养的培育猪种,早期生产性能很高,例如哺乳期生长速度可达 200 g/d,而此时生长潜力可达 400 g/d。仔猪阶段的营养需要变化很快,因而现在采用多阶段饲喂方式。设计饲料配方时要根据其消化生理特点,营养需要,断奶综合征的根源等,科学合理地调整日粮营养成分,功能性非营养成分,加工工艺,尤其是原料。

据报道,在断奶后日粮更换期,生长快的仔猪(日增重在225～340 g/d)比生长慢的仔猪(日增重在 0～110 g/d)提前 10～28 d 达到上市体重。采食量不足是仔猪断奶时小肠结构变化的主要原因,例如肠绒毛变短,腺窝加深等。断奶后仔猪处于应激状态,维持需要的代谢能增加,而断奶后采食量和日粮消化率降低,限制了仔猪生产性能的发挥,使得营养管理成为仔猪断奶期管理的核心内容之一。据报道,断奶后1周的平均维持需要量为461 kJME/kg$W^{0.75}$,而断奶后5周是418 kJME/kg$W^{0.75}$。由于采食量降低和维持的代谢能需要量增加,仔猪断奶后第一天就需要消耗体贮存的能量来维持能量需要。但是,如果仔猪在断奶后4~5 d的时间内可以采食到断奶前的能量,就可避免绒毛萎缩的发生,保持消化酶活性。

虽然进行了大量研究,至今断奶仔猪日粮设计仍然是养猪业中最难解决的技术难题。有研究指出,猪潜在的和生产上要求达到的性能指标之间存在巨大差异,但是这个差异,也许仅仅是我们已经发现的差异,实际上,我们目前对仔猪生长潜力的了解,我们已经知道的那些技术水平如遗传改良、饲养管理、环境设备等,也许只达到了最好水平的30%、20%,甚至是10%,这个观点可以图示为图10-2。例如,断奶导致的仔猪生长速度的鸿沟,只是我们目前已发现的差距,其实我们未发现的也许更大。

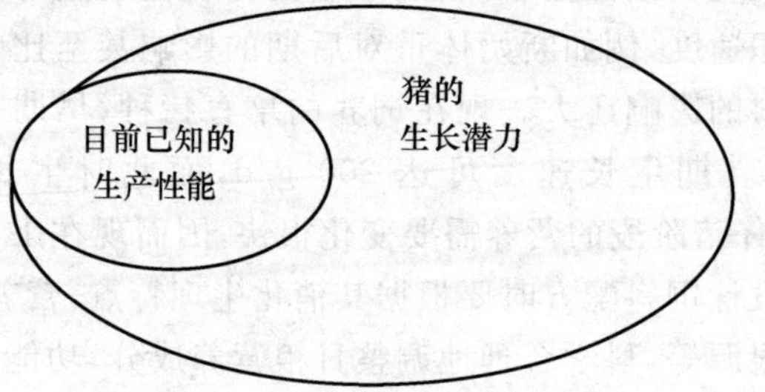

图 10-2　猪的生长潜力

表10-1示出了猪潜在的和生产中要求实现的性能指标。

表 10-1 猪潜在的和生产中要求实现的性能指标

日龄/d	潜能 体重/kg	潜能 生长/(g/d)	潜能 料肉比	实际目标 体重/kg	实际目标 生长/(g/d)	实际目标 料肉比
0	1.5			1.5		
25	10.2	350		7.0	220	
45	22.7	625	1.4	14.2	360	1.2
65	38.7	800	1.4	27.8	680	1.6
110	87.7	1 080	2.0	63.8	800	2.2
145	122.7	1 000	2.6	95.3	900	2.7
170	148.0	1 000	2.9	119.0	950	3.2
出生后的生长速度/(g/d)		870			700	

相应营养措施，一是保持能量采食量，降低可能发生的应激，这对保持仔猪最佳生产性能和健康状态至关重要；二是提高仔猪的抗应激能力。这些营养措施包括制定适宜的日粮营养结构，采用优质原料并配合适宜加工以及实施适宜的饲喂措施。

仔猪饲料产品设计目标有三：一是根据仔猪生长发育规律，仔猪阶段骨骼生长强度很大，所以仔猪营养目标应该重点满足骨骼生长；目前普遍追求的体重大并不正确，但作仔猪生长的衡量指标也很有效，因为一般地说体重大的体型也大。二是满足仔猪肠道发育，因为仔猪肠道发育强度也很高，再者长一副好肠子可奠定一生消化吸收和生长发育的基础。三是提高仔猪抗病力，只有健康仔猪才可能有良好性能。值得庆幸的是，骨骼和肠道发育良好的仔猪，其免疫系统的发育也相对较好，这使得我们的理念便于推广和应用。

10.4 猪群体重变异的分析方法

提高猪群整齐度是重要的养猪技术，但是正常情况下猪群内存在变异，所以猪群整齐度是一个相对指标，这在分析猪群生长时需要注意。例如，研究表明仔猪断奶体重的分布一般近似正态分布，标准差(SD)约 2 lb，表 10-2 是美国 NSNG(2010)给出的断奶仔猪体重的分布(%)。例如在一个平均断奶体重为 10 lb 的仔猪群，约有 2% 的仔猪体重小于 6 lb，14%的仔猪在 6～8 lb，34%的在 8～10 lb。超过平均数的仔猪数与此相似，体重在 10～12 lb 约 34%，体重在 12～14 lb 的约占 14%，体重在 14 lb 以上的约占 2%。所以距平均体重 2 lb 的范围内的仔猪约占 68%，大于平均体重 2 lb 以上的仔猪约占 16%，小于平均体重 2 lb 以下的仔猪也是约占 16%。如果在这个猪群中，距平均体重 2 lb 的范围内的仔猪比例大于 68%，那就说明这个猪群的整齐度高，小于 68%就说明这个猪群不整齐；大于平均体重 2 lb 以上的仔猪比例如果大于 16%，也说明猪群不整齐。

表 10-2 断奶仔猪的体重分布

	断奶仔猪平均体重 lb					
猪体重/lb	8	9	10	11	12	13
<2 lb	0.1%					
2～3	0.5%	0.1%				
3～4	1.7%	0.5%	0.1%			
4～5	4.4%	1.7%	0.5%	0.1%		
5～6	9.2%	4.4%	1.7%	0.5%	0.1%	
6～7	15.0%	9.2%	4.4%	1.7%	0.5%	0.1%

续表10-2

	断奶仔猪平均体重 lb					
7～8	19.1%	15.0%	9.2%	4.4%	1.7%	0.5%
8～9	19.1%	19.1%	15.0%	9.2%	4.4%	1.7%
9～10	15.0%	19.1%	19.1%	15.0%	9.2%	4.4%
10～11	9.2%	15.0%	19.1%	19.1%	15.0%	9.2%
11～12	4.4%	9.2%	15.0%	19.1%	19.1%	15.0%
12～13	1.7%	4.4%	9.2%	15.0%	19.1%	19.1%
13～14	0.5%	1.7%	4.4%	9.2%	15.0%	19.1%
14～15	0.1%	0.5%	1.7%	4.4%	9.2%	15.0%
15～16		0.1%	0.5%	1.7%	4.4%	9.2%
16～17			0.1%	0.5%	1.7%	4.4%
17～18				0.1%	0.5%	1.7%
18～19					0.1%	0.5%
>19 lb						0.1%

资料来源：NSNG，2010。

断奶时常把不同窝的仔猪合群，彼此常有几个小时的争斗以排列群体中的位次。群体均匀时争斗时间较长，不均匀的群体和不熟悉的群体有较快的日增重。

饲养上要检验猪群的均匀度，实际上就是检查猪群生长的分布，一般应该是正态分布，仔猪断奶体重的变异系数（100×标准差/平均数%）在12%左右。如果变异系数小于12%，就说明猪群整齐，饲养管理良好的猪群变异系数应该在10%以内；大于16%，就说明猪群不整齐，发育不正常；在12%附近，则说明猪群整齐度一般。实践中检查猪群体重的分布，既可以用Excel表进行分析，也可以使用SPSS软件，现在网上可以轻易找到免费的过期SPSS

软件，很好用。具体操作方法以实例简介如下。

(1)大致评估—图示法。分析猪群分布图比较直观，简明。

P-P 图。以样本累计频率作横坐标，以按正态分布计算的相应累计概率作纵坐标，把样本值表现为直角坐标系中的散点。如果资料服从整体分布，则样本点应围绕第一象限的对角线分布。

Q-Q 图。以样本的分位数作横坐标，以按照正态分布计算的相应分位点作纵坐标，把样本表现为指教坐标系的散点。如果资料服从正态分布，则样本点应呈一条围绕第一象限对角线的直线。

以上两种方法以 Q-Q 图为佳，效率较高。

直方图。判断方法：是否以钟形分布，同时可以选择输出正态性曲线。

箱式图。判断方法：观测离群值和中位数。

茎叶图。类似与直方图，但实质不同。

(2)计算法。计算偏度系数(skewness)和峰度系数(kurtosis)。计算公式：

$$偏度计算公式：u=\frac{|g_1-0|}{\sigma_{g1}}$$

$$峰度计算公式：u=\frac{|g_2-0|}{\sigma_{g1}}$$

g_1 表示偏度，g_2 表示峰度，通过计算 g_1 和 g_2 及其标准误 σ_{g1} 及 σ_{g2} 然后作 U 检验。两种检验同时得出 $U<U0.05=1.96$，即 $P>0.05$ 的结论时，才可以认为该组资料服从正态分布。由公式可见，部分文献中所说的“偏度和峰度都接近 0…可以认为…近似服从正态分布”并不严谨。

非参数检验方法。非参数检验方法包括 kolmogorov-smirnov 检验(D 检验)和 shapiro-silk(W 检验)。SPSS 中规定：①如果指定的是非整数权重，则在加权样本大小位于 3～50 时，计算 shapiro-wilk 统计量。对于无权重或整数权重，在加权样本大小位于 3～5 000 时,计算该统计量。由此可见,部分 SPSS 教材里关于“Shapiro-Wilk 适用于样本量 3～50 的数据”的说法是片面理解,误人子弟。②单样本 kolmogorov-smirnov 检验可用于检验变量(例如 income)是否为正态分布。

上述两种检验,如 P 值大于 0.05,表明资料服从正态分布。

(3)SPSS 操作示例。SPSS 中有很多操作可以进行正态检验,在此只介绍最主要和最全面最方便的操作:

第一步:工具栏——分析—描述性统计—探索性。

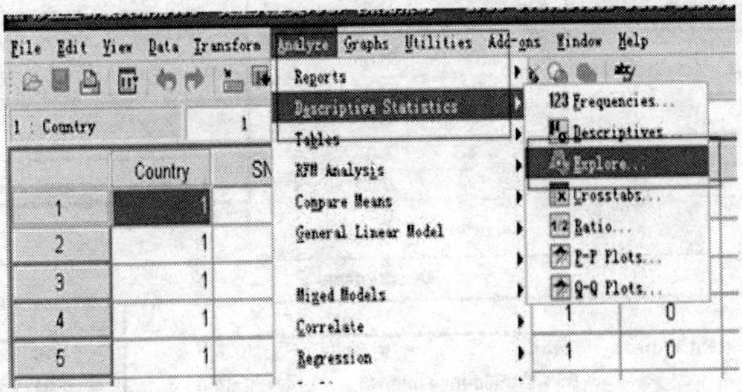

第二步:选择要分析的变量,选入因变量框内,然后点选图表,设置输出茎叶图和直方图,选择输出正态性检验图表,注意显示(display)要选择双项(both)。

第三步:输出结果。

①Descriptives:描述中有峰度系数和偏度系数,根据上述判断标准,数据不符合正态分布。

$Sk=0,Ku=0$ 时,分布呈正态,$Sk>0$ 时,分布呈正偏态,$Sk<0$ 时,分布呈负偏态。$Ku>0$ 时曲线比较陡峭,$Ku<0$ 时曲线比较平坦。由此可判断本数据分布为正偏态(朝左偏),较陡峭。

②Tests of Normality:D 检验和 W 检验均显示数据不服从正态分布,当然在此,数据样本量为 1 000,应以 W 检验为准。

③直方图。直方图验证了上述检验结果。

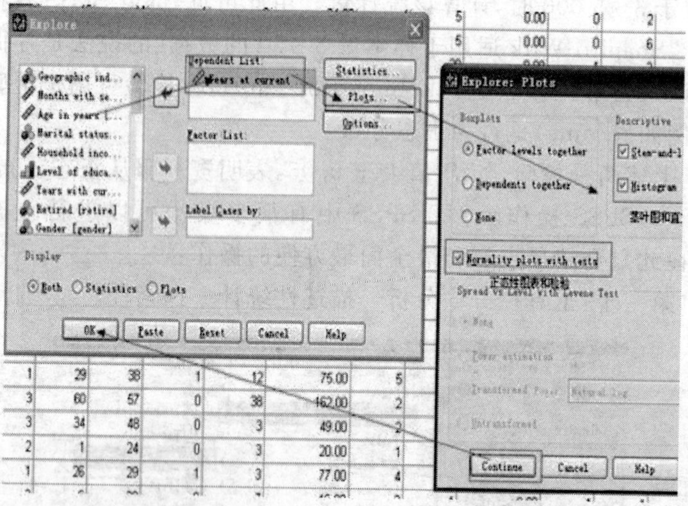

Descriptives

			Statistic	Std. Error
Years at current address	Mean		11.55	.319
	95% Confidence Interval for Mean	Lower Bound	10.93	
		Upper Bound	12.18	
	5% Trimmed Mean		10.74	
	Median		9.00	
	Variance		101.741	
	Std. Deviation		10.087	
	Minimum		0	
	Maximum		55	
	Range		55	
	Interquartile Range		15	
	Skewness		1.106	.077
	Kurtosis		.860	.155

Tests of Normality

	Kolmogorov-Smimov[a]			Shapiro-Wilk		
	Statistic	df	Sig	Statistic	df	Sig
Years at current address	131	1000	000	897	1000	000

a.Lilliefors Significance Correction

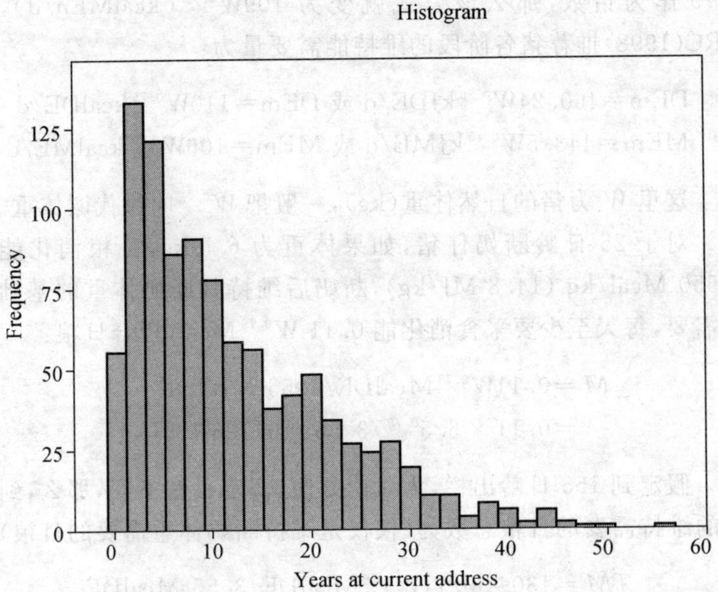

④此外还有茎叶图、P-P 图、Q-Q 图、箱式图等输出结果，不再赘述。结果同样验证数据不符合正态分布。

10.5 仔猪的体型评定

生产中有一个根本问题，就是评价仔猪饲养管理和饲料营养方案，这也是配方师设计仔猪饲料配方的目标，断奶前仔猪的饲养目标是什么？从目前世界各国的饲养标准来看，都以断奶体重大小作为评价指标。这有什么问题吗？

(1)早期体重要后来的饲料维持。

1)断奶体重维持到出栏的耗料量。通常仔猪维持需要的营养可用体重的指数函数来表示。ARC(1981)根据分析 5～90 kg 猪的资料，得到维持的代谢能需要量为 $172W^{0.60}$ kcalMEn/d，如果用

0.75 作为指数，那么该公式就变为 $109W^{0.75}$（kcalMEn/d），而 NRC(1998)推荐猪各阶段的维持能需要量为：

$$DEm = 460.24W^{0.75}\ \text{kJDE/d} \text{ 或 } DEm = 110W^{0.75}\ \text{kcalDE/d}$$

$$MEm = 443.5W^{0.75}\ \text{kJME/d} \text{ 或 } MEm = 106W^{0.75}\ \text{kcalME/d}$$

这里 W 为猪的自然体重(kg)，一般把 $W^{0.75}$ 叫做代谢体重。

对于 25 日龄断奶仔猪，如果体重为 6.5 kg，日粮消化能为 3.550 Mcal/kg (14.8 MJ/kg)，断奶后维持其断奶体重的基础代谢需要，每天至少要采食消化能 0.11 $W^{0.75}$ Mcal，折合日粮：

$$M = 0.11W^{0.75}\ \text{McalDE}/3.55\ \text{McalDE}$$
$$= 0.11 \times 6.5^{0.75}/3.55 = 0.126\,139(\text{kg})$$

假定到 155 日龄出栏，为讨论方便，假定日粮不变，那么，到出栏的维持需要的日粮总数为(仅仅是维持断奶体重需要的日粮)

$$TM = 130 \times 0.11W^{0.75}\ \text{McalDE}/3.55\ \text{McalDE}$$
$$= 16.398\,07\ (\text{kg})$$

仔猪的维持代谢能需要还与环境温度有关，不过为了讨论的简单，我们假定出栏前全期的猪舍温度都处于等热区。

2)早期投入的维持饲料的成本。根据经济学原理，早期投入的饲料成本要大于后期投入的饲料成本。为简单，这里不考虑养猪风险因子。这时计算投资回报的公式一般为：

$$C = C_0(1 + r)^t$$

式中：C_0 为资本金，r 为资金利率，t 为投资期。

假定第 25 日龄的体重为 6.5 kg，则维持需要量为 $0.11/3.55 \times 6.5^{0.75} = 0.126$ kg/d，目前饲料价格为 2.5 元/kg，银行贷款利息率为 0.006%/月，则仅仅断奶体重，到出栏需要的维持饲料资金为

第 25 日龄到出栏需要的维持饲料资金为

$$C_{25}=0.126\times 2.5(1+0.006)^{(155-25)/30}=0.307\,878$$

第 26 日龄到出栏需要的维持饲料资金为

$$C_{26}=0.126\times 2.5(1+0.006)^{(155-26)/30}=0.307\,817$$

第 d 日龄到出栏需要的维持饲料资金为

$C_d=0.12\times 2.5(1+0.006)^{(155-d)/30}$，这里 $d=25\sim155$

自断奶到出栏的整个生长期需要的维持资金为

$$C=\sum_{d=25}^{155}C_d$$

$$=\sum_{d=25}^{155}[M\times K\times(1+r)^{(155-d)/30}]$$

$$=M\times K\times[\sum_{d=25}^{155}(1+r)^{(155-d)/30}]$$

式中：M 为断奶体重每天的维持需要量；K 为维持饲料的价格(元/kg)；r 为银行贷款利率；d 为仔猪日龄。

代入有关数据，计算出本例的结果为

维持到出栏需要的维持资金 $=M\times K\times[\sum_{d=25}^{155}(1+r)^{(155-d)/30}]$

$$=0.126\times 2.5\times[\sum_{d=25}^{155}(1+r)^{(155-d)/30}]$$

$$=0.315\times 131.7127$$

$$=41.54(\text{元})$$

(2)仔猪体型评定的原则。由上述分析可以看出，仔猪饲料纯粹用于长体重是极不划算的，仔猪饲料的成本那么高，尤其是早期增长的体重需要后来的饲料来维持，对于整个饲养期是负担！所以用仔猪增重为唯一标准来评价仔猪饲养管理和营养管理方案是不科学的。

诚然，我们不可能让仔猪跳过前期的生长发育阶段，这里的关键是生长发育的内容，或者说是饲养管理目标和营养方案目标。目前饲料市场上，“不拉稀”、“皮红毛亮”、“适口性”、“物美价廉”是一般养猪场对仔猪教槽料的基本要求；采食有效养分多，能消弭断奶应激，日增重和饲料效率好，是对仔猪教槽料的高档要求。就各国推荐的饲养标准来看，评价饲养管理和饲料营养方案的理念（指导思想）普遍是只注重表象——体重。体重虽然与体型和体尺相关很高，但体重毕竟不是体型或体尺。我们认为应该综合考虑仔猪的生长发育规律，以最低成本满足仔猪生理需要，主要是骨架（关键是体型、肢蹄、精神状况或体质外形）、肠道、免疫功能等的生长发育，为其一生的生存和生产奠定厚实的基础（王继华等，2012）。

评价仔猪骨架、肠道和免疫系统生长发育状况的方法，可以采用体质外形评价法，这个方法虽然古老但是仍有使用价值，我们简称之为仔猪体型评定。

评定仔猪体型的具体方法步骤，首先目测，体型要符合品种标准，骨架大的表示骨骼发育好，骨骼发育好的往往抗病力强；肥瘦可以目测，七八成膘最好；精神状态要好（抓它时活蹦乱跳），仔猪每天大约有 2/3 的时间在活动，不像大猪那么懒；然后触摸，从髋骨突起处触摸，有骨感的表示瘦，没骨感的表示肥，髋骨突出的表示太瘦，用力按压才有骨感的表示太肥，仔猪七八成膘最好（图 10-3，图 10-4）；然后鉴定肢蹄，卧系是发育不良，洋猪的蹄叉并拢，我国地方猪常见蹄叉分开（图 10-5）。尾巴要粗，不断摆动或卷成 Q 状。

（3）仔猪体型评定方法。猪是肉用动物，体型与生产性能的相关远大于奶牛，仔猪体型发育好坏直接影响此后生产性能。骨骼是体型的基础，仔猪阶段是骨骼发育高峰，即小猪长骨，中猪长肉，

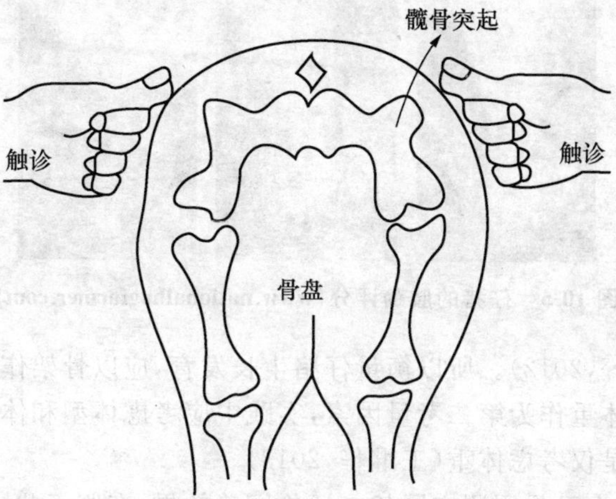

图 10-3 仔猪的膘情评价

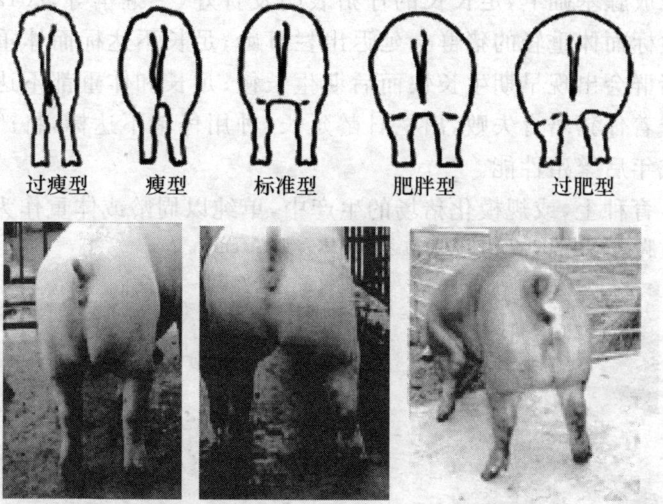

图 10-4 仔猪体况评分

大猪长膘，故仔猪阶段应重视体型发育。仔猪体重大不如骨架大

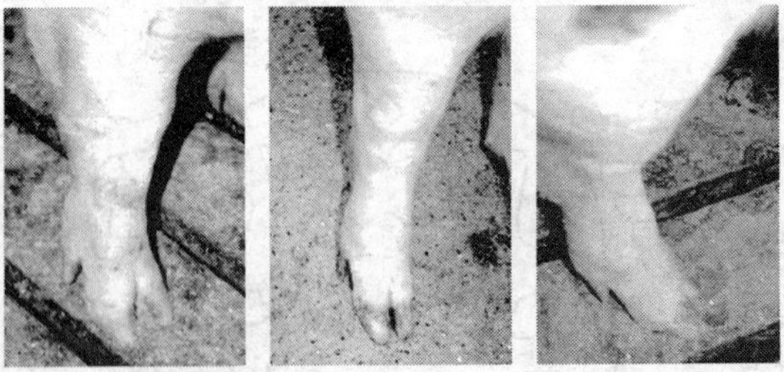

图 10-5　仔猪的肢蹄评分(www.nationalhogfarmer.com)

(王继华等,2012)。所以衡量仔猪生长发育,应以骨架作为第一考量因素,体重作为第二考量因素,实践中应考虑体型和体重两个指标,而不是仅考虑体重(王继华,2013)。

养鸡上已采用测定胫长来评价饲养效果,有鉴于此,我们建议在养猪上以仔猪右后腿足长为具体指标来衡量仔猪的骨骼发育。在八成膘基础上,足长长的仔猪表明发育好(王继华等,2012);足长达标而体重轻的猪群会延迟出栏日龄;足长不达标而体重超标的猪群会出现早期生长快而后期生长慢;足长和体重都不达标则意味着仔猪培育失败,出栏日龄延长;种用仔猪不达标,将严重影响成年后繁殖性能。

育种上,或规模化猪场的生产中,单纯以周龄或体重作为仔猪

胸宽：用卡尺测量两肩关节之间的体表距离(cm)。

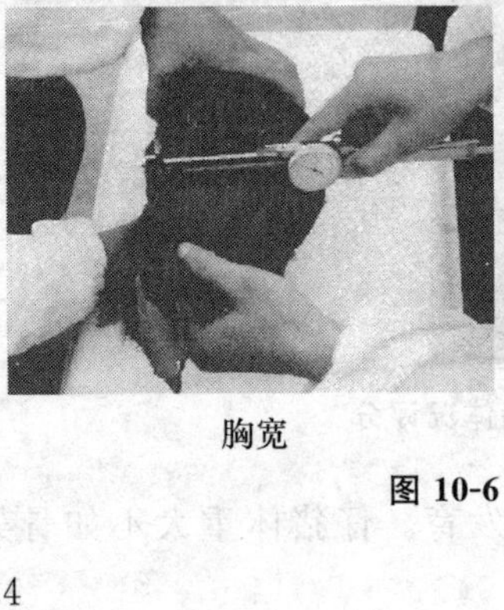

胸宽

去毛示例：

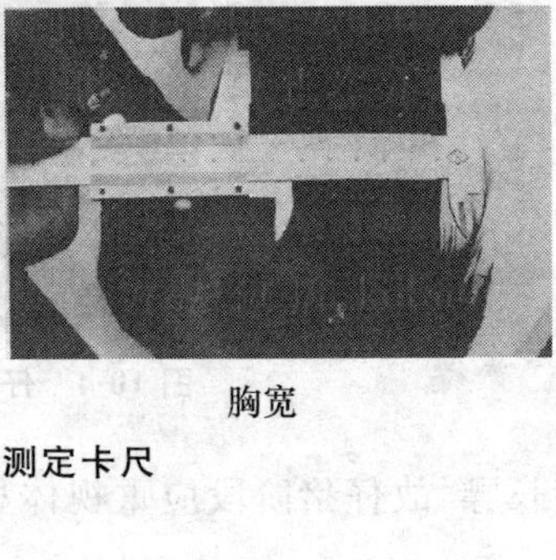

胸宽

图 10-6　测定卡尺

说明:猪后腿(hind legs; posterior limb)骨骼外侧视图。
17 为跗骨(跟骨，calcancus);
19 为中央跗me (central tarsal bone);
20和21分别为第III和第IV跗骨(tarsal boneIII, IV);
27、28、29和31分别为第二、第三、第四和第五趾骨(Phalanges digit II, III, IV, V);
24、25和26分别为第II, III, IV跖骨(metatarsal bone II, III, IV)。

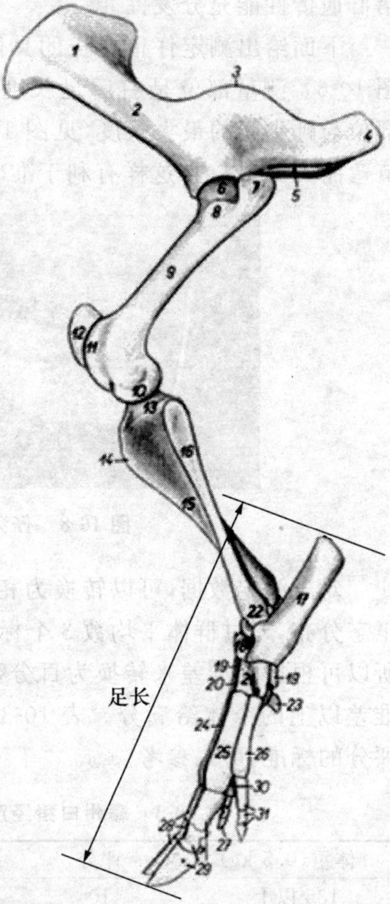

图 10-7　猪足长的测定:跟突体表部位到趾尖的最大长度
(实测时注意把猪后腿腕关节弯曲到 90°以内,以便得到准确结果)

阶段划分和营养调整标准并不严密。建议以体型发育为准则,前期以骨骼为主,后期以体重为主来综合评价饲养效果。因此,在饲养过程中要常抽测足长和体重,监测体型发育情况,及时调整,使猪群遗传性能充分发挥。

下面给出测定仔猪足长的具体办法。测量工具用卡尺，参见图 10-6。测量部位是右后足长度，即跗骨（跟骨，calcancus）体表部位与趾尖间的最大长度，见图 10-7。实测时应把仔猪后腿腕关节弯曲到 90°以内，这样有利于准确测定，见图 10-8。

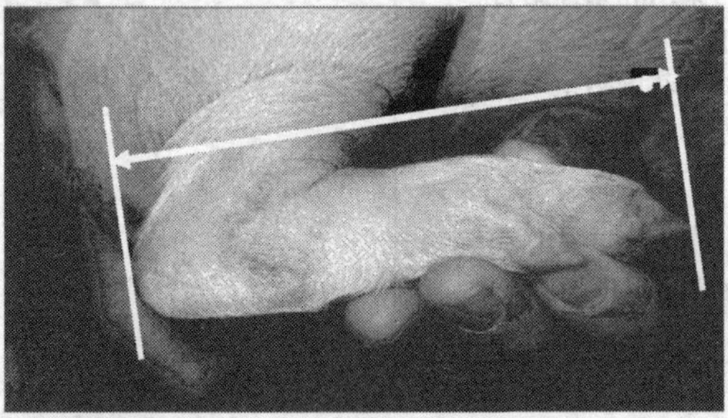

图 10-8　仔猪足长测定

对于测定数据，可以转换为相对分数。由于数量性状一般为正态分布，超过群体平均数 3 个标准差以上的个体占群体的 1%，所以可根据标准差来转换为百分数评分，超过群体平均数 3 个标准差以上的个体给满分。表 10-3 是我国赣州白猪经产母猪发育评分的标准，可以参考。

表 10-3　赣州白猪经产母猪发育评分标准

体重(0.5 kg)	评分	体长/cm	评分
135 以上	10	148 以上	15
122.5	9	141	14
110	8	134	13
97.5	7	127	12
85	6	120	11
72.5	5	113	10
60	4	106	9

参考文献

[1]艾景军,周玲.提高猪肉品质与风味的营养调控策略[J].饲料广角,2009(23):22-26.

[2]白群安,王志跃.营养对基因表达的调控.动物营养学报,2003,15(1):11-14.

[3]陈伟亮,王志跃.营养对基因表达的调控作用.黑龙江畜牧兽医,2002(7):47-48.

[4]刁其玉.动物氨基酸营养与饲料[M].北京:化学工业出版社,2007.

[5]东北农学院牧医系小家畜教研组.养猪学参考资料(Ⅰ):猪的生长发育[M].哈尔滨:东北农学院,1962.

[6]高民,赵志恭,卢德勋,等.营养对基因表达的调控(上).内蒙古畜牧科学,2001,22(3):7-10.

[7]葛剑,谷子林,李英,等.河北柴鸡1~16周龄生长曲线分析与拟合的比较研究[J].中国家禽,2005,27(14):9-11.

[8]姜锦鹏,吕锦芳,宁康健,等.猪体内脂肪沉积调控的研究进展[J].中国饲料,2010(3):17-25.

[9]刘海凤,张曦,陶琳丽,等.猪肉品质的营养调控研究进展[J].中国畜牧兽医,2009,36(10):184-187.

[10]刘晓凯.营养因素对动物体脂肪沉积的影响及调控机理[J].中国畜牧兽医报,2011-11-18.

[11]刘雪芹,杨飞云,刘作华,等.营养调控猪肌肉脂肪的研究[J].饲料工业,2010,31(20):52-54.

[12]刘文忠,徐银学.动物育种学实验教程[M].中国农业大学出

版社,2007.
[13]刘振乙.家畜育种学[M].北京:农业出版社,1999.
[14]莫惠栋.农业试验统计[M].上海:上海科学技术出版社,1984.
[15]普拉斯克.断奶仔猪[M].谯仕彦,郑春田,管武太译.北京:中国农业大学出版社,2009.
[16]强巴央宗,翟明霞,谢庄,等.藏鸡体重和胫长 Gompertz 生长曲线及相关性分析[J].南京农业大学学报,2008,31(2):86-90.
[17]隋世燕,赵茹茜.母体营养对后代繁殖功能的影响及其机制的研究进展[J].动物营养学报,2013,25(3):479-485.
[18]谭碧娥,印遇龙.胃肠营养化学感应及其生理效应[J].动物营养学报,2013,25(2):231-241.
[19]王济川,郭志刚.Logistic 回归模型——方法与应用[M].北京:高等教育出版社,2001.
[20]王继华.仔猪体型发育的测定[J].猪业科学,2013,30(4):102.
[21]王继华,王茂增,李连缺.家畜育种学导论[M].北京:中国农业科技出版社,1999.
[22]王继华,安永福,张伟峰,等.动物科学研究方法[M].北京:中国农业大学出版社,2009.
[23]王继华,王绥华,吴秀存,等.仔猪饲料配方设计高级技术[M].北京:中国农业大学出版社,2012.
[24]王继华,翟新国,马海江,等.仔猪饲料配方设计实用新技术[M].北京:中国农业大学出版社,2012.
[25]王继华,张爱苹,安永福.家畜生长数学模型配合法[J].畜牧与兽医,2010,29(2):1-3.
[26]王继华,王绥华,刘伯.肥育猪饲料配方设计技术[M].北京:中国科学技术文献出版社,2013.
[27]王建化,戈新,李培培.猪肉品质评定与营养调控措施[J].饲

料研究,2009(12):23-26.

[28]王丽.二丁酰环腺苷酸对肥育猪胴体品质和肉质的影响和机理研究[博士论文][D].哈尔滨:东北农业大学,2009.

[29]王恬,陈才勇,周根来.猪胎儿宫内发育迟缓与营养的相互关系[C].猪营养与饲料研究进展——第四届全国猪营养学术研讨会论文集,2003.

[30]伍喜林,杨凤.动物补偿生长效应研究.中国饲料,2003,5:9-11.

[31]肖炜,云鹏,于凡,等.大约克夏生长肥育期生长规律的研究[J].中国畜牧杂志,2007,43(9):1-3.

[32]徐海军,印遇龙,黄瑞林,等.主要营养素在动物体内的分配沉积调控机制研究进展[J].安徽农业科学,2007,35(33):10718-10722.

[33]徐彬,崔佳,李绍钰,等.日粮中不同来源多不饱和脂肪酸对肥育猪生长性能和猪肉脂肪酸组成的影响[J].中国饲料,2007(9):27-30.

[34]杨飞云,刘作华,黄金秀,等.猪骨骼肌纤维的设置于营养调控[J].动物营养学报,2009,21(6):803-808.

[35]杨运清,等.动物生长模型优化拟合实用法[J].生物数学学报,1991,6(3):104-107.

[36]印遇龙,等.猪氨基酸营养与代谢[M].北京:科学出版社,2008.

[37]余爱华.Logistic 模型的研究[硕士学位论文][D].南京:南京林业大学,2003.

[38]俞渭江,郭卓元.畜牧试验统计[M].贵阳:贵州科学技术出版社,1995.

[39]张宝荣,郭应全,闻殿英.猪肉中氨基酸与胴体重和瘦肉率变化关系的分析[J].黑龙江畜牧科技,1998(3):29-31.

[40]张宏宇,单安山,徐林,等.猪肌内脂肪调控研究进展[J].东北农业大学学报,2010,41(2):156-160.

[41]赵春鹏.猪生长曲线,料肉比与猪际关系[D].广州:华南农业大学,2009.

[42]邹书通,蒋宗勇,林映才,等.猪肉品质的营养调控研究进展[J].中国畜牧兽医,2006,33(6):6-11.

[43]周杰.猪脂肪细胞发育及其调控[J].养猪,2004(6):43-46.

[44]周勤飞,王永才,王金勇,等.渝荣1号猪配套系商品猪生长规律分析[J].中国畜牧杂志,45(15):9-11.

[45] ARC.1981. The Nutrient Requirements of Pigs[M]. Commonwealth Agricultural Bureaux.pp.1-124.

[46] Bridges,T.C.,L.W.Turner,E.M.Smith,T.S.Stably,and O.J.Lower. 1986. A Mathematical Procedure for Estimating Animal Growth and Body Composition [C]. Transactions of the American SocieQ of Agricultural Engineering 29(September-October 1986):1342-1347.

[47] Bruininx, E.M., G.P. Binnendijk, C.M. van der Peet-Schwering, et al. 2002.Effect of creep feed consumption on individual feed intake characteristics and performance of group-housed weanling pigs. J. Anim. Sci. 80: 1413-1418.

[48] Cabrera. R. A., R. D. Boyd, S. B. Jungst et al. 2010. viability of progeny Impact of lactation length and piglet weaning weight on long-term growth and viability of progeny [J]. doi: 10.2527/jas. 2009—2121 originally published online Feb 26, 2010; J Anim Sci.88:2265-2276.

[49] Cassady. J., 2012. Effects of preweaning factors on sow lifetime productivity[C]- from the 2012 Allen D. Leman Swine Conference, September 15-18, St. Paul,

Minnesota, USA.

[50]Cole.D.J.A. et al.养猪生产[M].许振英译.北京:农业出版社,1979.

[51]Cowieson, A.J., M.R. Bedford, P.H. Selle and V. Ravindran. 2009. Phytate and microbial phytase; implications for endogenous nitrogen losses and nutrient availability. World Poult. Sci. J. 65:401-418. http://www.swinecast.com/dr-joe-cassady-effects-preweaning-factors-sow-lifetime-productivity.

[52]Dalton. D.C.1980. Introduction to practice animal breeding [M]. oxford epress.

[53] De Llata, S. S. Dritz, M. M. Langemeler, et al. 2001. Economics of increasing lysine: calorie ratio and adding dietary fat for growing-finishing pigs reared in a commercial environment[J]. Journal of Swine Health and Production. 9: 215-223.

[54]DEW, AI-RONGZ, YANL, et al.2009. Effect of feeding allowance level on embryonic survival, IGF-I, insulin, GH, Ieptin and progesteronesecretion nearly pregnancy gilts[J]. Journal of Animal Physiology and Animal Nutrition, 93(5): 577-585.

[55]Gao.C.Q., C.Ji, J.Y.Zhang, L.H.Zhao, Q.G.Ma.2013.Effect of a novel plant phytase on performance, egg quality, apparent ileal nutrient digestibility and bone mineralization of laying hens fed corn-soybean diets[J]. Animal Feed Science and Technology. 186 (3-4):101-105.

[56]Grossman.M.1985.Logistic growth curve of chichen: a comparison of techniques to estimate parameters[J].The journal

of heredity.76:397-399.
[57] Hammond J. 1944. Physiological factors affecting birth weight[C].Proceedings of the nutrition society.2:8-12.
[58] Hossner. K. L. 2005. HORMONAL REGULATION OF FARM ANIMAL GROWTH[M]. CABI Publishing. www.cabi-publishing.org.
[59]Ioannis Mavromichalis. 2006.Applied nutrition of for young pigs[M].www.cabi.org.
[60]Knox.R.,2012.Gilt Management/Puberty Induction and Sow Longevity/Productivity[C]-from the 2012 Allen D. Leman Swine Conference, September 15-18, St. Paul, Minnesota, USA.http://www.swinecast.com/dr-rob-knox-gilt-managementpuberty-induction-and-sow-longevityproductivity.
[61] Lawrence.T.L.J., V. R. Fowler.2002. Growth of Farm Animals[M]. 2nd Edition. Publisher: CABI.
[62] Lawrence. T. L. J., V. R. Fowler and Novakofski. 2012. Growth of Farm Animals[M], 3nd Edition. Publisher: CABI.
[63] Laura Eastwood and Denise Beaulieu。2012. Can Omega-3 Fatty Acids Improve Piglet Health? [J]. the BCCPCA Farm Sense, February 2012. http://www.spca.bc.ca/2013-12-24
[64] Max F. Rothschild.2011.The Genetics of the Pig[M], 2nd Edition.CABI.
[65] Michael A. Boland, Kenneth A. Foster, and Paul V. Preckel.1999.Nutrition and the Economics of Swine Management [J].Journal of Agricultural and Applied Economics,31(1):83-96.

［66］Murphy. J. M. and T. M. Kane. 2006. Proceedings of the LONDON SWINE CONFERENCE［C］. April 5th and 6th，London，Ontario www.londonswineconference.ca.

［67］Overman.A.R.，R.V.Scholtz Ⅲ. 2002. Mathematical Models of Crop Growth and Yield［M］. New York：Marcel Dekker，Inc.

［68］Quesnel H,Boulot S,Serriere S,et al.2010. Postinsemination level of feeding does not in fluence embryonic survival and growth in highly prolific gilts［J］.Animal Reproduction Science,120(1):120-124.

［69］Smits R J,Luxford B G,Mitchellm,et al.2011.Sow litter size is increased in the subsequent parity when lactating sows are fedd diets containing n3 fatty acids from fish oil［J］.Journal of animal Science，89(9)：2731-2738.

［70］Snedecor G. W. and Cochran W. G. 1980，Starisricrrf Methods［M］.7th ed. Iowa State Univ. Press，Ames.

［71］Sulabo,R.C.,M.D.Tokach,S.S.Dritz,R.D.Goodband，J.M. DeRouchey and J.L.Nelssen.2010.Effects of varying creep feeding duration on the proportion of pigs consuming creep feed and neontal pig performance［J］. J. Anim. Sci. 88：3154-3162.

［72］Varley. M. A.,J. Wiseman.断奶仔猪营养与饲养管理新技术［M］.张宏福,唐湘方译.北京:中国农业科学技术出版社,2006.

［73］Virginia Hayssen and Robert C.Lacy. 1985. Basal metabolic rates in mammals:Taxonomic differences in the allometry of BMR and body mass［J］.Comp.Biochem.Physiol.，Vol.81A，No.4:741-754.

[74] US Pork Center of Excellence (USPCE).2010. National Swine Nutrition Guide (NSNG)[M].

[75] Wellock.I., P.Toplis, K.Almond and P.Willcock.2013.New Applications in Nursery Nutrition and Management: Giving Piglets the Best Possible Start with Practical Management Tips and Nutrition Concepts [C]. Proceedings of the 13th London Swine Conference, which was held on 27 and 28 March 2013 in London, Ontario, Canada.

http://www.thepigsite.com/articles/4380/london-swine-conference-2013-proceedings 12/17/2013

[76] Woyengo, T.A., D.Weihrauch and C.M.Nyachoti.2011. Effect of dietary phytic acid on performance and nutrient uptake in the small intestine of piglets[J].J.Anim. Sci. 90: 543-549.